Abhandlungen
der Bayerischen Akademie der Wissenschaften
Mathematisch-naturwissenschaftliche Abteilung
XXXI. Band, 5. Abhandlung

Ergebnisse der Forschungsreisen Prof. E. Stromers in den Wüsten Ägyptens

II. Wirbeltier-Reste der Baharîje-Stufe (unterstes Cenoman)

9. Die Plagiostomen, mit einem Anhang über käno- und mesozoische Rückenflossenstacheln von Elasmobranchiern

von

Ernst Stromer

Mit 3 Doppeltafeln und 14 Textfiguren

Vorgelegt am 14. Mai 1927

München 1927
Verlag der Bayerischen Akademie der Wissenschaften
in Kommission des Verlags R. Oldenbourg München

Daß Überreste von *Plagiostomen* in den Schichten der Baharije-Stufe häufig sind, geht aus meinen Mitteilungen (1914, S. 25—31, 1914a, S. 4/5) schon hervor, genau beschrieben habe ich aber bisher nur Reste des *Pristiden Onchopristis numidus* Haug sp. (1917 und 1925). Leider handelt es sich außer bei diesem fast nur um vereinzelt gefundene Zähne, Flossenstacheln und Wirbel, deren Zusammengehörigkeit sich kaum mit einiger Sicherheit erweisen läßt. Ich muß sie deshalb hier getrennt beschreiben und kann ungeachtet aller angewandter Mühe großenteils keine wissenschaftlich einwandfreie, genaue Bestimmung erreichen. Trotzdem hat sich die Mühe gelohnt und ließen sich Ergebnisse von allgemeinem Interesse erzielen, hauptsächlich dadurch, daß ich mich nicht auf die üblichen äußeren Untersuchungen und Vergleiche beschränkt, sondern überall die mikroskopische Struktur mitberücksichtigt habe. Ohne ihr Studium läßt sich, wie Jaekel (1889, S. 289) mit Recht schon hervorgehoben hat, ein wissenschaftlich brauchbarer Fortschritt in der Kenntnis der fossilen *Elasmobranchii* kaum erzielen, da man einigermaßen vollständige Reste von ihnen nur ganz ausnahmsweise findet und bei der Beurteilung der isolierten Zähne, Stacheln, Schuppen und Wirbel den schwersten Irrtümern ausgesetzt ist, wenn man nicht deren Struktur untersucht.

Mit der Beschaffung von Vergleichsmaterial hatte ich große Schwierigkeiten, da die hiesige zoologische Staats-Sammlung daran viel zu arm ist. Immerhin konnte ich dank der Güte Herrn Direktors Geheimrat L. Döderlein aus ihr und aus seinem Privatbesitz einige wertvolle Stücke erhalten, einen *Chimaera*-Stachel auch aus der hiesigen anatomischen Sammlung infolge des Entgegenkommens meines Kollegen Prof. H. Marcus, ferner einige wenige Stücke aus der Berliner zoologischen Sammlung durch deren Direktor, Herrn Prof. Zimmer, und Kustos, Herrn Dr. Pappenheim, und endlich durch freundliche Vermittlung meines hiesigen Kollegen, Herrn Prof. Scheuring und Herrn Prof. W. K. Gregory's in New York als Geschenk des American Museum of natural History einen seit Jahren von mir in allen möglichen Sammlungen vergeblich gesuchten Sägehai (*Pristis*) zur anatomischen Untersuchung. An fossilem Vergleichsmaterial schließlich habe ich durch Herrn Kustos Dr. Berckhemer in Stuttgart einige Stachelstückchen von *Nemacanthus* erhalten. Für all dies Entgegenkommen drücke ich hier meinen besten Dank aus.

Die vorzügliche Zeichnung der Textfiguren verdanke ich Herrn Kunstmaler und Radierer Dr. P. Ehrlich.

Voll Dankbarkeit gedenke ich schließlich Herrn Universitätszeichners A. Birkmaier, der seit fast 30 Jahren meine meisten Arbeiten in musterhafter Arbeit mit Abbildungen versah und dessen Meisterhand leider der Tod den Griffel entrissen hat, ehe er die Abbildungen für den Text anfertigen konnte.

A. Zähne.

Lamnidae.

? Scapanorhynchus subulatus (Ag.)

Taf. I, Fig. 21 und 22.

Ganz vereinzelt sind von mir in der Breccie *d* mit Fischresten am Gebel el Dist, (Stromer 1914, S. 25) und dann von Markgraf an mehreren Fundstellen des Sockels des Gebel Maghrafe sehr wenige kleine Zähne gefunden worden, die nach Querbrüchen zu schließen, keine Pulpahöhle besitzen. Sie gleichen in der Form den Zähnen von *Lamna subulata* Ag., die nach Agassiz (III, p. 296, Taf. 37a, Fig. 5—7) in der mittleren und oberen Kreide Europas, nach Woodward (1889, p. 356) vom Albien bis zum Senon ziemlich universell verbreitet sind.

Auffällig ist, abgesehen von ihrer Seltenheit, daß ich einen Zahn von etwa 1,5 cm Höhe gefunden habe, während die anderen alle viel kleiner sind (etwa 1 cm Gesamthöhe); auch ist erwähnenswert, daß stets die Krone etwas linqualwärts gebogen, bei dem erwähnten größten Zahne auch ein wenig S-förmig geschwungen ist. Die schlanken Seitenspitzchen sind übrigens bei einigen abgebrochen, die Bruchstellen aber unter der Doppellupe stets erkennbar.

Die Art wird von Priem (1914, p. 367) als in der oberen Kreide bei Kairo, also offenbar bei Abu Roasch, vorkommend erwähnt. Ob sie zu der rezenten Gattung *Scapanorhynchus* A. Smith Woodward-*Mitsekurina* Jordan gehört, ist nicht ganz sicher, jedoch sehr wahrscheinlich

Cfr. *Lamna appendiculata* Ag. und *Otodus biauriculatus* (Zittel).

Taf. I, Fig. 23, 24.

Ganz vereinzelte Zähnchen aus dem Sockel des Gebel Maghrafe und el Dist kann man nur mit Vorbehalt zu *Otodus biauriculatus* rechnen, weil sie nur 5—7 mm hoch und 6—8 lang, also kleiner als die von Wanner (1902, S. 148, Taf. 19, Fig. 28) und Quaas (1902, S. 314, Taf. 27, Fig. 25) beschriebenen sind und weil ersterer mit Recht erwähnt hat, daß bei diesen kleinen Mundwinkelzähnchen das bezeichnende Merkmal, die seitlichen Nebenspitzchen, verkümmere, so daß kein Unterschied von *Otodus appendiculatus* Ag. nachzuweisen sei, und weil auch bei diesem nach Leriche (1902, p. 112) manchmal je zwei Nebenspitzchen vorkommen. Daß es sich um Zähnchen von *Lamnidae* handelt, beweist übrigens ein vertikaler Längsschliff, der das Kroneninnere von wirrem Trabekulardentin erfüllt zeigt. Drei auch nicht größere Zähnchen, ebenfalls ohne Schmelzfalten, vom Nordsockel des G. Maghrafe unterscheiden sich von den eben erwähnten durch eine etwas schlankere Krone und durch den Besitz von nur je einem Seitenspitzchen. Es genügen aber diese Merkmale nicht, um sie mit Sicherheit einer anderen Art zuzuweisen.

Otodus biauriculatus ist übrigens nach Wanner und Quaas in der weissen Kreide und den Overwegi-Schichten der südlichen libyschen Wüste sehr häufig und nach ersterem bis an die Grenze des dortigen nubischen Sandsteines herunter verbreitet und *Lamna appendiculata* ist von Priem (1914, p. 366/7) aus dem Obersenon Ägyptens in stattlichen Zähnen beschrieben worden; es liegt also nahe anzunehmen, daß diese Formen schon in der etwas älteren Baharije-Stufe vertreten waren.

Corax baharijensis n. sp.

Taf. I, Fig. 25—27.

Am Sockel des G. Maghrafe und Dist, auch in der Breccie 7 d auf dem G. el Dist sowie 3 km nordwestlich von Ain Murûn in halber Hanghöhe und 10 km nördlich von Ain Hara, endlich am Fundorte A am Gebel Mandische, alle im Nordteil des Baharîje-Kessels, sind als häufigste Lamnidenzähne solche von *Corax* von mir und dann von Markgraf gesammelt worden, so daß mir etwa 2 Dutzend davon vorliegen. Sie sind (mit Wurzel) selten bis 20 mm lang und hoch. Der Unterrand der Wurzel ist sehr wenig bis etwas konkav, und auf der Linqualseite der Wurzel befindet sich nur ein winziges rundes Foramen nutritium, keine Medianfurche mit erhöhten Rändern wie meistens bei *Lamnidae*. Dies ist für *Corax* bezeichnend. Ein senkrechter wie ein wagrechter Dünnschliff durch die Krone zeigen unter dem Plakoinschmelz eine schwache Schicht von Pulpadentin und das ganze Innere von wirrem Trabekulardentin erfüllt, wie sonst bei *Lamnidae*. Die Ränder der Krone und ihrer Seitenteile sind fein und gleichmäßig gezähnelt, nur ganz wenige, etwas verwitterte und abgeschliffene Zähne haben diese für *Corax* charakteristische Zähnelung offenbar infolge sekundärer Vorgänge verloren.

Die Kronenform ist etwas variabel; die Höhe übertrifft außer bei wenigen, meistens verhältnismäßig großen Zähnen stets etwas die basale, wagrecht von der hinteren Kronen-kerbe an gemessene Länge der frei aufragenden Krone. Sie ist wenig bis deutlich rück-geneigt, ihr Vorderrand bei den wenig rückgeneigten Vorderzähnen nur schwach, sonst mäßig konvex, verläuft basal fast immer ohne Grenze nach unten bis ganz vorn; nur bei einem verhältnismäßig schlanken Vorderzahn ist vorn basal davor eine gezähnelte Kante entwickelt. Dahinter dagegen ist stets unter dem geraden, sehr wenig bis deutlich rück-geneigten Hinterrande eine solche Kante, durch ein scharfes, fast rechtwinkeliges, einspringen-des Eck von ihm getrennt.

Corax pristodontus Ag., *Lindstroemi* Davis und *affinis* Ag. besitzen eine frei aufragende Krone von geringerer Höhe als Länge. Außerdem ist bei letzterem, der sich darin weniger von der vorliegenden Form unterscheidet, der Vorderrand konvexer und der Winkel hinter der Krone stumpfer. Die sehr kleinen Zähnchen vou *C. obliquus* Reuss (1845/6, S. 4, Taf. 4, Fig. 1—3) aus der böhmischen oberen Kreide weichen in ihrer Kronenlänge und umge-kehrt in dem geraden Vorderrande noch stärker als die genannten Arten ab. Sonst faßt Reuss (a. a. O., S. 3—4, Taf. 3, Fig. 49—71) unter *C. heterodon* fast alle *Corax*-Arten zusammen. Was er aber als variable Art abbildet, gleicht zwar z. T. in Größe und Form den Zähnen von Baharîje, aber die Kronen sind doch ein wenig niedriger und der Vorder-rand ist nie so konvex. *Pseudocorax affinis* (Ag.) endlich aus der obersten Kreide (Priem 1897, p. 46, Taf. 1, Fig. 20—27; Leriche 1902, pp. 122—124, Taf. 3, Fig. 79—86; Woodward 1912, p. 201/2, Taf. 43, Fig. 4—9) hat zwar ebenfalls verhältnismäßig kurze Kronen, aber deren Ränder sind nicht oder nur schwach gezähnelt, der Vorderrand ist gerade bis nur schwach konvex und die Wurzel hat innen eine Medianfurche und ist unten selten einfach schwach längskonkav, sondern meistens in der Mitte mit einem mehr oder minder spitzwinkeligen Einschnitte versehen; schließlich werden die Zähne nie so groß. Was *Corax Jaekeli* Woodward (1912, p. 200, Taf. 43, Fig. 1—3) anlangt, so unterscheidet nicht nur dessen geringe Kronenhöhe, sondern vor allem deren Zähnelung. Sie erinnert in ihrer Ungleichheit so an die von *Galeocerdo,* daß ich diese Art nicht zu *Corax* rechnen möchte.

Dies nötigt zu einer kurzen Auseinandersetzung über die Gattung *Corax* und die ihr so nahestehende *Pseudocorax* überhaupt. Beide erscheinen bisher auf die obere Kreide beschränkt, doch kommt nach PRIEM (1908, p. 69) sowohl *C. pristodontus* AG. wie *Pseudocorax affinis* (AG.) noch im Montien des Pariser Beckens vor. Die ältesten *Corax*-Reste sind sehr unsicher. DESLONGCHAMPS (1877, p. 4/5, Taf. 1, Fig. 4, 5) hat nämlich eine Zahnkrone aus der Murchisonae-Zone des mittleren Jura von Sully bei Bayeux mit Vorbehalt als *C. antiquus* DESL. bestimmt. PRIEM (1908, p. 20, Fig. 10) bildete sie nochmals ab, sprach aber, anscheinend zu Unrecht, von mehreren Zähnen und machte keinen Vorbehalt. Dieser erscheint aber jedoch sehr berechtigt, denn es fehlt die Zahnwurzel und die Kenntnis der Kronenstruktur und weder sonst im Jura noch in der unteren Kreide sind Reste von *Corax* gefunden worden. Denn auch *Corax australis* CHAPMAN (1908) aus der unteren Kreide von Queensland ist zwar nach der Beschreibung der Krone ganz wie bei dieser Gattung gebaut, aber es handelt sich nur um ein einzelnes, sehr kleines Mundwinkelzähnchen mit ungewöhnlich stark rückgeneigter Krone, über dessen Wurzel nichts näheres bekannt ist. Nicht besser steht es mit der Bestimmbarkeit von 2 Zahnkronen aus dem Vracon von St. Croix in der Schweiz, also aus einer mit der Baharije-Stufe gleichalterigen Ablagerung, die PICTET ET CAMPICHE (1860, p. 81, Taf. 10 nicht 9, Fig. 1, 2) als *C. falcatus* Ag. beschrieben haben, die aber wie die vorliegenden sich durch kürzere Kronen von denjenigen der Agassiz'schen Art unterscheiden. Da aber *Corax* im Cenoman anscheinend nicht nur häufig, z. B. in dem von Kehlheim und Essen, sondern auch schon weit verbreitet ist, weil PRIEM (1924, p. 24) einen Zahn von *C. falcatus* aus dem von Diego Suarez in Madagaskar erwähnt, ist es nicht unwahrscheinlich, daß hier doch *Corax*-Zähne gefunden sind. Jedenfalls ist nun durch die von mir mit allen Merkmalen von *Corax* nachgewiesenen Zähne ein ältestes Auftreten der Gattung in der mittleren Kreide gesichert.

Es muß aber hervorgehoben werden, daß sie noch sehr wenig bekannt ist, denn allermeist sind nur einzelne Zähne gefunden worden, wenn auch oft zahlreich; nur bei *C. falcatus* Ag. sind aus dem Turon (Niabrara-Stufe) von Kansas durch WILLISTON (1900, p. 41, Taf. 14, Fig. 1—11) und WOODWARD (1912, p. 199, Fig. 59) zu einem Individuum zusammengehörige Zähne beschrieben und verkalkte Wirbel erwähnt worden. Infolge dieser ungenügenden Kenntnis sind die systematische Stellung wie die verwandtschaftliche Beziehung der Gattung noch unklar. Ihre Zähne gleichen auffällig denen gewisser *Carchariidae, Sphyrna-Zygaena, Carcharias* subg. *Prionodon* und *Galeocerdo,* in ihrer äußeren Form; aber nach AGASSIZ (III, p. 308, Taf. P, Fig. 7, Taf. Q, Fig 5) enthält bei *C. Kaupi-pristodontus* AG. und nach PRIEM (1897, p. 47) bei *C. pristodontus* AG. und *Pseudocorax affinis* (AG.) aus dem Senon von Meudon das Kroneninnere keine Pulpahöhle, wie es für die *Carchariidae* bezeichnend ist, sondern die Struktur der Zahnkrone ist so, wie ich sie oben bei den vorliegenden Zähnen kurz beschrieben habe. AMEGHINO (1906, p. 182, Anm. 1) hat allerdings erwähnt, daß ein kleiner Prozentsatz von Zähnen des *Carcharias Egertoni* aus dem Jungtertiär von Parana, wahrscheinlich Zähne alter Tiere, auch keine Pulpahöhle besitze, und es ist nicht unmöglich, daß bei alten Tieren sekundäres Dentin sich in der Pulpahöhle abscheidet; es wird aber dann wohl die beträchtliche Dicke des einfachen Pulpadentins eines solchen *Carchariiden* eine Unterscheidung von Formen gestatten, bei welchen normaler Weise sehr früh in der Zahnontogenie wirres Trabekulardentin das ganze Innere zu erfüllen beginnt. Einen Beweis für die Abstammung solcher *Carchariidae* von *Corax* kann man jedenfalls nicht erbracht ersehen.

LERICHE hat nun zweiseitig symmetrische Zähne, die er (1902, pp. 121, 123/4) bei *C. pristodontus* und *Pseudocorax affinis* gefunden hat, für Symphysenzähne gehalten und vor allem deshalb die beiden Gattungen zu den *Notidanidae* gestellt (1906, p. 57). Die Zahnstruktur erlaubt hier allerdings keine Entscheidung, aber es fehlt der Nachweis, daß jene Zähne Symphysenzähne sind, hat ja doch der *Lamnidae Carcharodon* ebenfalls zweiseitig symmetrische Frontalzähne. Vor allem jedoch weichen die Zahnformen der *Notidanidae* stark von *Corax* ab und sind bei ihnen die Wirbel nicht verkalkt.

Demnach besteht aller Grund, *Corax* und *Pseudocorax* bei den *Lamnidae* zu belassen und als für die obere Kreide bezeichnend anzusehen, obgleich nun *Corax* sicher schon im Vracon nachgewiesen ist.

Squatinidae.

Squatina aegyptiaca n. sp.

Taf. I, Fig. 1—3.

Im Osten und Süden des Sockels des G. el Dist hat MARKGRAF in der an Fischresten reichsten Schicht n 25 Zähnchen gesammelt, deren größter 6 mm hoch und 5 lang und deren kleinster nur 2 mm hoch und lang ist. Ihr etwa halbkreisförmiger Sockel besitzt auf der ebenen Unterseite in der Mitte oder nahe dem Labialrande ein ovales Foramen nutritium. und der Mittelteil seines konvexen Innenrandes ist von den Seiten abgekerbt. Labial auf ihm erhebt sich die stets etwas nach innen geneigte Krone meistens senkrecht, an sehr kleinen Zähnchen ist sie aber etwas rückgeneigt. Die schlanke, glatte Spitze ist im Querschnitte ungefähr kreisförmig, was für Elasmobranchier ungewöhnlich ist, weil bei ihnen fast stets die Kronenaußenseite wenig oder nicht gewölbt und von der Innenseite kantig abgegrenzt ist. Basal geht von der Kronenspitze jederseits unter einem nur wenig stumpfen Winkel ein stabförmiger, aber oben kantiger Seitenfortsatz auf dem Labialrande des Sockels symmetrisch bis zu dessen Seitenrande und median ein gleicher, aber nicht kantiger Fortsatz basalwärts (Basalzapfen). Er springt vor und unter den Sockel vor, endet wie die seitlichen Fortsätze gerundet und ist an den größten Zähnen nur wenig niedriger als die Kronenspitze, an den kleinen aber etwas. Die Gesamthöhe der schmelzbedeckten Krone von seinem Unterende bis zur Spitze gemessen ist deshalb an den ersteren etwas größer als die Sockellänge, an den kleinen Zähnen jedoch nicht. Erstere sind offenbar Vorder-, letztere seitliche und Mundwinkelzähne.

Nach der Form gehören sie zu *Squatina* und zwar nach einem Vergleich der größten Zähne mit denen der rezenten *Squ. angelus* zu einem etwa 1,5 m langen Tiere. Die Bestimmung wird durch die Strukturuntersuchung in einem senkrechten Querschliffe bestätigt. Unter dem Plakoinschmelz sieht man nur Pulpadentin; von der sehr engen Pulpahöhle gehen feine, sehr spitzwinkelig verzweigte Dentinröhrchen radiär aus, wie es AGASSIZ (III p. 302, Taf. N, Fig. 3, 4) bei *Squ. angelus* gefunden hat.[1])

---

[1]) Die Zahnkronen, die KIPRIJANOFF (1881, pp. 14—18, Taf. 1, Fig. 7—10, Taf. 2, Fig. 1—3) aus dem eisenhaltigen Sandsteine von Kursk in Rußland als *Squ. Moelleri* KIPR. beschrieben hat, gehören

Bei dem Vergleiche mit *Squatina*-Arten der Kreide ist vorerst Einiges über die ältesten und über rezente Zähne zu sagen als Ergänzung zu den Ausführungen DINKELS (1920). In dem prächtigen, hier befindlichen Originale MÜNSTERS (1842, Taf. 7, Fig. 1) von *Squ. alifera* aus dem obersten Jura von Solnhofen sind mehrere Zähne viel besser zu sehen als man nach dessen Fig. 1 c—e annehmen muß. Bei seitlichen Zähnchen ist hier die wenig bis etwas rückgeneigte Krone weniger schlank als bei den vorliegenden und ihr Basalzapfen zwar deutlich, aber klein. An einem Trockenskelett der hiesigen zoologischen Lehrsammlung von *Squ. angelus* aus dem Mittelmeere von 1,15 m Länge ist gegenüber DINKEL (1920, S. 62) nachzutragen, daß die Zahnkronen stets sehr schlank, nach innen geneigt und mit einem kleinen, wenn auch deutlichen Basalzapfen versehen sind. Kleine Symphysenzähnchen fehlen, die Zähne des Mandibulare sind größer als die des Palatoquadratums. Die größten unteren Frontalzähne sind nämlich 5 mm hoch, 5×5,5 lang, die oberen nur 4 hoch und 5 lang. Unten ist die Krone nur bei seitlichen Zähnen z. T. etwas rückgeneigt, im Mundwinkel und vorn kaum, oben aber bei mittleren Seitenzähnen etwas. Die seitlichen Zähne sind unten 5,5—6 mm lang und ein wenig niedriger, oben jedoch 6,5 lang und nur 3,5 hoch. *Squ. Mülleri* REUSS (1846, S. 101, Taf. 21, Fig. 18—20) nur nach Zähnchen aus dem Plänerkalke (Turon) Böhmens bekannt, steht darnach der vorliegenden Form besonders nahe, unterscheidet sich aber durch seine geringe Größe, die weniger schlanke Krone und wie die vorigen auch durch den nicht so hohen Basalzapfen. *Squ. lobata* REUSS (ebenda, Fig. 21), nur sehr seltene Zähnchen aus dem Plänermergel von Priesen, ist viel stärker verschieden durch den größeren Längsdurchmesser von Kronenspitze und Basalzapfen und die Schmelzrunzeln. *Squ. baumbergensis* V. D. MARCK (1885, S. 264, Taf. 5, Fig. 2), in einem vollständigen Körper aus dem Senon von Westfalen bekannt und *Squ. crassidens* WOODW. (1889, p. 69, Taf. 2, Fig. 4) aus dem Turon von Sahel Alma im Libanon[1]) hatten eine erheblich weniger schlanke Krone und erstere einen kleinen Basalzapfen, was sie deutlich von den Zähnen aus Baharîje unterscheidet. An dem Schädel endlich von *Squ. Cranei* WOODW. (1912, p. 224, Taf. 47, Fig. 7—10) aus dem Cenoman von Sussex ist zwar die Zahnkronenspitze ebenfalls schlank, aber der Basalzapfen sehr klein.

Unsere durch die Höhe und Schlankheit des Basalzapfens und die Schlankheit der Kronenspitze ausgezeichneten Zähnchen unterscheiden sich demnach von allen verglichenen scharf genug, um die Aufstellung einer neuen Art zu rechtfertigen, welche die Wissenslücke zwischen den oberjurassischen und oberkretazischen *Squatina*-Arten ein wenig überbrücken hilft.

Heterodonti.

Taf. II, Fig. 5 und 6.

Zähne, die man *Cestracionidae* oder *Hybodontidae* zurechnen kann, liegen leider nur in der Vierzahl aus dem Süden und Osten des Sockels des G. el Dist 12 bezw. 15 m über der Dinosaurier-Hauptschicht, also offenbar aus der an Fischresten reichsten Schicht n vor. Ihre Wurzel fehlt fast völlig, man sieht nur in der Zahnbasis viele Poren, was für Trabe-

---

nach seinen eigenen Strukturuntersuchungen nicht zu *Squatina*, da sie im Innern keine Pulpahöble, sondern Trabekulardentin enthalten.

[1]) *Squ. crassidens* gehört vielleicht zu *Sclerorhynchus* (STROMER 1917, S. 12).

kulardentin spricht. Offenbar war die Wurzel aber kleiner als die Krone. Zwei Zähne sind stark gestreckt und im Umrisse spindelförmig, im Längsprofil aber gebirgskammartig ohne besondere Spitze. Der größte ist 9,5 mm lang und in der Mitte 3 dick und hoch und wird gegen beide Enden hin allmählich niedriger und schmaler. Auf einer Längsseite steht die Kronenoberfläche ziemlich senkrecht und ist wenig gewölbt, auf der entgegengesetzten aber wölbt sie sich von der Basis an stark vor, um sich dann etwa in Mitte der Höhe zum Kamm zurückzubiegen. Leider ist dieser obere Teil wie der Kamm selbst verletzt. Im Übrigen sieht man überall unter Lupenvergrößerung deutliche, vielfach gegabelte Querrunzeln.

Die nächst kleinere Zahnkrone macht einen etwas abgeriebenen Eindruck; es sind nur basalwärts schwache Querrunzeln mit der Lupe erkennbar. Sie ist 5,6 mm lang, bis 2,5 breit und bis 2,2 hoch. Auch hier springt auf einer Längsseite die Oberfläche von der Basis aus vor, um sich dann in den oberen 2 Dritteln gegen die Kammhöhe zurückzubiegen; aber hier ist dies auch auf der entgegengesetzten Seite, wennschon schwächer, ebenfalls der Fall.

Die andern 2 Zahnkronen sind sehr klein, 3, 2—3 mm lang und etwa 2 breit und hoch und von ungefähr eiförmigem Umrisse. Die Oberfläche springt hier von der Basis aus nach allen Seiten hin vor und biegt sich dann am breiteren Ende in etwa Mitte der Höhe, am schmaleren schon in $^1/_3$ Höhe nach der nicht ganz zentral gelegenen, stumpfen Spitze in einer ganz gerundeten Kante um. Am schmaleren Ende sind dann die oberen $^2/_3$ deutlich konkav. Der Schmelz ist unter der Lupe bei einem Zähnchen deutlich runzelig, bei dem anderen, dessen Spitze abgekaut erscheint, nur sehr schwach.

Diese ganz kleinen Zähnchen dürften vordere, die zuerst beschriebenen, gestreckten und größeren seitliche sein; ob sie zusammengehören, ist aber nicht sicher, schon wegen der Unterschiede in der Runzelung. Eine Strukturuntersuchung der Zähne konnte bei ihrer geringen Zahl leider nicht vorgenommen werden, obwohl sie, wie Jaekel (1889, S. 289 ff.) nachgewiesen hat, gerade bei derartigen Formen von größter systematischer Bedeutung ist. Deshalb ist eine nähere Bestimmung der dürftigen Reste leider unmöglich.

Nach ihrer Form könnten speziell die gestreckten Zähne zu dem *Hybodontiden Acrodus* gehören, sie unterscheiden sich aber von den aus der Kreide beschriebenen Arten *A. hirudo* Ag. und *ornatus* Woodw. aus dem Wealden, *A. levis* Woodw. aus dem Gault von England, *A. polydictyos* Reuss aus dem Cenoman und Turon von Europa und *A. nitidus* Woodw. aus der oberen Kreide von Bahia in Brasilien durch ihre Skulptur und meist auch durch ihre Form deutlich. Wenn aber all die von Reuss (1846, S. 97, Taf. 21, Fig. 1—8) aus dem turonen Plänerkalk Böhmens zu *A. polydictyos* gerechneten Zahn- und Skulpturformen zu einer Art zusammengehören, besteht darin eine solche Variabilität, daß Einzelzähnchen kaum sicher zu bestimmen sind. Jedenfalls gleicht das abgebildete kleine Zähnchen in der Ansicht von oben sehr Fig. 7, Taf. 21 in Reuss. Ebenso gut kommt aber auch der *Cestracionide Cestracion* selbst in Betracht, besonders unterscheiden sich die Einzelzähnchen von *C. sulcatus* Woodw. (1889, p. 333, Taf. 13, Fig. 11, 12) aus dem ungefähr gleichalterigen cenomanen Grünsande von Kent nur unbedeutend, fast nur durch ihren etwas anderen Umriß und ihre Größe von den vorliegenden gestreckten Zähnen.

Andere, verwandte Formen sind schärfer zu trennen, vor allem solche mit wohl ausgebildeten Zahnspitzen, wie manche *Cestracion*-Arten und vor allem *Synechodus* Woodw. Erwähnenswert ist übrigens, daß die zwei Originale von *Strophodus punctatus* Ag. (III, p. 128 b, Taf. 22, Fig. 30, 31), zwei Zähnchen in der hiesigen Sammlung, die aus dem ungefähr gleichalterigen Grünsande von Kehlheim in Bayern stammen sollen, in ihrer Form und in ihrem Erhaltungszustande zu *Str. subreticulatus* AG. gehören, dessen Zähne in dem oberjurassischen Diceraskalke von Kehlheim häufig sind, über dem jener Grünsand transgredierend liegt. Es handelt sich hier also entweder um eine Verwechslung der Fundschicht oder um ein Vorkommen auf sekundärer Lagerstätte.

Schließlich sind hier noch die Zähnchen der hiesigen Sammlung zu besprechen, die QUAAS (1902, S. 312, Taf. 27, Fig. 16—18) als *Strophodus pygmaeus* QUAAS aus der obersten Kreide der Oase Dachel beschrieben hat. Sie unterscheiden sich in der Form und Skulptur deutlich von den vorliegenden, und gehören gewiß nicht zu *Strophodus*, wie ein Strukturvergleich beweist. In einem Vertikalschliff der Krone, Taf. 3, Fig. 1, sieht man nämlich nur parallel oder wenig divergierend aufsteigende Dentinröhrchen, die nach oben zu immer feiner werden und sich in der insofern nicht scharf vom Dentin abgesetzten, aber durch starke Doppelbrechung ausgezeichneten, dicken Deckschicht (Plakoinschmelz) verlieren, Es fehlt also jede Spur von Trabekulardentin, wie es für *Strophodus* (AG. III, p. 163, Taf. K, Fig. 3—5) und die Norm der *Hybodontidae* und *Cestracionidae* (JAEKEL 1889, S. 289 ff.) bezeichnend ist. Es ist aber von JAEKEL (a. a. O., S. 327 ff., Taf. 10, Fig. 1—7) nachgewiesen worden, daß bei *Palaeobates* H. v. M. die Kronenstruktur sich wie hier verhält, und sehr beachtenswert, daß die Skulptur der Kronenoberfläche der von „*Strophodus*" *pygmaeus* im Wesentlichen gleicht. Da bei letzterem Wurzeln leider nicht erhalten sind und der zeitliche Abstand des bisher nur im Muschelkalke Mitteleuropas nachgewiesenen *Palaeobates* und dieser Art sehr groß ist, kann ich sie nur mit Vorbehalt zu der Gattung rechnen, deren systematische Stellung überdies noch nicht gesichert erscheint. Die von CHAPMAN und PRITCHARD (1904, p. 271/2, Taf. 11, Fig. 3, 4, Taf. 12, Fig. 1) beschriebenen Zähne von *Asteracanthus (Strophodus) eocaenicus* TATE aus dem Balcombian und Kalimnan (? Eocän) des südlichen Australien können dagegen zu der sonst nur aus dem mittleren Mesozoikum bekannten Gattung *Strophodus* gehören. Jedoch weicht ihre Struktur etwas von der typischen ab, indem im obersten Teile der Krone nur feine, parallel aufsteigende Dentinröhrchen, keine Pulpakanäle mehr vorhanden zu sein scheinen.

? Pristidae.

Cfr. *Onchopristis numidus* (HAUG).

Taf. I, Fig. 4 a, b.

Ein Zähnchen, im Süden des G. el Dist-Sockels in der Schicht n gefunden, ist nur 2 mm lang, bis 1,6 dick und über 1,3 hoch. Sein unten ebener Wurzelsockel ist durch eine nach innen zu verbreiterte Querspalte scharf in zwei ungefähr dreieckige Hälften geteilt, die seitlich innen schwach eingekerbt sind. Die niedrige Krone ist ein bischen weniger umfangreich als die Wurzel und ungefähr halbkreisförmig im Umriss, wobei ein Medianzapfen von ihrer geraden Vorderseite, nach unten etwas vorn und ein etwas stärkerer von ihrer Innenseite nach innen etwas unten ragt. Ihre Oberfläche ist völlig glatt und oben parallel der Unterfläche abgenutzt, so daß man leider nicht mehr die Höhe und Form der Kuppe feststellen kann. Auch die Struktur ist unbekannt, denn selbst bei starker Vergrößerung sind auf der abgenutzten Oberfläche weder Spuren von Pulpakanalöffnungen noch einer einfachen Pulpahöhle zu sehen.

Die Größe und Form, besonders der Innenzapfen der Krone und die Zweiteilung der Wurzel erinnert nun stark an Zähnchen von *Rhinobatidae* und *Pristis*, wie sie JAEKEL (1894, S. 77, Fig. 7—9) beschrieben hat und ich hier an rezenten Formen nachgeprüft habe.[1]) Den äußeren Zapfen, der offenbar dem von *Squatina* (siehe oben S. 7!) und *Ginglymostoma* entspricht, habe ich aber bei keiner dieser Formen finden können. Trotzdem halte ich für nicht unwahrscheinlich, daß das Zähnchen zu einem *Pristiden* und zwar zu dem in der Baharîje-Stufe so häufigen *Onchopristis numidus* (HAUG) gehört. Gegenüber *Pristis* ist als Unterschied außer dem labialen Zapfen hervorzuheben, daß die Wurzel noch nicht so ausgesprochen zweihörnig ist, sondern trotz der Zweiteilung noch den primitiven Sockelcharakter ziemlich bewahrt hat. Außerdem ist das Zähnchen für *Pristis* verhältnismäßig groß, denn bei einem über 3 m langen ausgestopften Exemplar der hiesigen zoologischen Sammlung sind die Zähnchen nur etwa einen Millimeter lang. Gleiche Proportionen vorausgesetzt, müßte es also einem sehr großen Individuum von *Onchopristis* angehört haben.

Tribus Centrobatidae (JAEKEL), *Myliobatidae.*

Cfr. *Rhinoptera.*

Taf. I, Fig. 6—17 und Taf. III, Fig. 13, 14.

Weitaus am zahlreichsten unter allen *Plagiostomen*-Resten sind eigenartige Pflasterzähne, von welchen ich zuerst einen am Fundorte A auf dem G. Mandische (STROMER 1914, S. 30/1), MARKGRAF dann über 200 an mehreren Stellen des G. el Dist-Sockels in Schicht n gefunden hat und zwar anscheinend an 2 Stellen zahlreiche beisammen, so daß es sich hier um zu einem Individuum gehörige Reste handeln kann. Sie gleichen am meisten in Form und Struktur seitlichen Zähnen von *Myliobatis*.

Sie sind nämlich wie meistens diese ziemlich regelmäßig, seltener etwas schief sechseckig, wobei oft ein ? Längsdurchmesser den senkrecht dazu stehenden etwas bis stark übertrifft, während manche mit fast gleichen Durchmessern dadurch viereckig (rhombisch) werden, daß je eine Langseite ganz kurz wird. Was das Verhältnis der Länge zur Breite anlangt, so beträgt es an verschiedenen Zähnen 9,5:4; 9:3,5; 8:4,5; 8:4,2; 7,5:4; 6,6:4,5; 5,5:5,5; 5,2:4; 5:3; 4,5:3; 4:4; 3:3, während die Kronenhöhe 1,5; 2,5; 3; 2; 3,5 mm beträgt. Die Größenverhältnisse der Zähne schwanken also sehr, aber es bestehen doch darin Gesetzmäßigkeiten. Die Zähne sind selten bis fast einen Zentimeter lang, die meisten nur 4—5 mm, eine Anzahl sogar nur 3—4. Die Breite (= Dicke) schwankt weniger, zwischen 4,5 und 3. Wie in der Regel bei *Myliobatis*, sind also die kleinsten Zähne ungefähr so breit als lang, bei manchen nimmt aber die Länge zu, besonders bei dem Größenwachstum, so daß alle über 6 mm langen Zähne deutlich länger als breit, die längsten über doppelt so lang als breit sind. Umgekehrt ist aber die Kronenhöhe bei den kleinen Zähnen und zwar bei den erwähnten viereckigen mit 3,5 bis 3 mm am größten, während sie bei den meisten nur 3 bis 2,5 beträgt und bei einigen gestreckten, wohl infolge von Abnützung sogar noch geringer wird.

---

[1]) Im Text hat JAEKEL im 1., 2. und 4. Absatze von Seite 77 innen mit außen-vorn verwechselt, in den Figurenerklärungen sowie auf Seite 78 oben es aber richtig angegeben, daß der Kronenzapfen sich innen-linqual befindet.

Die Kronenhöhe ist also gering, besonders bei stärker gestreckten Zähnen und erreicht nur bei vielen viereckigen Zähnen den Betrag des Längsdurchmessers.

Die Kronenoberseite ist flach bis ein wenig gewölbt und läßt nur unter Lupenvergrößerung entweder feinwellige Längsrunzeln oder viele Grübchen erkennen. Die Seitenflächen stehen etwas schräg zu ihr und zwar gegen die vermutliche Linqualseite hin gerichtet. Sie sind an der vermutlichen Vorderseite so ziemlich eben bis etwas gewölbt, an der hinteren (linqualen) etwas konkav und zwar bei den sechseckigen Zähnen an einer Längseite und jederseits einer kurzen zugleich, an den viereckigen aber an je zwei zusammenstoßenden Seiten. Ganz basal verkleinern sich die Kronendurchmesser plötzlich, wodurch an den drei, bezw. zwei Linqualseiten eine meistens etwas wulstige Kante unterhalb der Konkavität entsteht. Die der Oberseite parallele Unterseite läßt sich schon mit bloßem Auge als porös erkennen; die Wurzel ist leider nur bei einem einzigen kleinen Zahne (Taf. I, Fig. 17a—c) ziemlich vollständig erhalten. Auch dieser Sockel ist basal porös. Er ist ungefähr so hoch als die Krone, leider etwas abgerieben, so daß sich zwar feststellen läßt, daß keine Andeutung einer Zweiteilung vorhanden ist, nicht aber, ob Myliobatis-artige Wurzelquerleisten vorhanden waren.

Die mikroskopische Struktur der Kronen ist, wie schon zu erwarten, regelmäßiges Trabekulardentin (Taf. III, Fig. 13, 14). Von den basal weiteren Pulpakanälen rührten ja die Poren der Kronenbasis her und von ihren Oberenden bei abgekauten oder abgeriebenen Zähnen die oben erwähnten Grübchen der Kronenoberfläche. Die Regelmäßigkeit des Trabekulardentins ist übrigens nicht so groß als bei Myliobatis, denn es gabelt sich nicht nur eine Anzahl der senkrecht aufsteigenden Pulpakanäle, sondern es bestehen auch manche Anastomosen und diese werden basalwärts zahlreicher. Dies läßt mit Sicherheit darauf schließen, daß die Wurzel, wie gewöhnlich, aus wirrem Trabekulardentin besteht.

Es kann kaum ein Zweifel daran sein, daß all diese durch Übergänge verbundenen und z. T. ja beisammen gefundenen Zähne zusammen gehören und so verbunden waren, daß die gewölbte Vorderseite der Zähne sich in die konkave Rückseite der älteren Zähne einfügte, so daß ein geschlossenes, im Ganzen wohl ziemlich flaches Pflaster ähnlich wie bei Rhinoptera gebildet wurde. Es wechselten dabei offenbar Querreihen längsgestreckter und kurzer Zähne. Da aber leider nur zerstreute Zähne gefunden sind, läßt sich weder sagen, wie viele solcher Querreihen vorhanden waren, noch, ob eine oder zwei Symphysenreihen längster Zähne vorhanden waren oder ob die längsten Zähne wie bei Hypolophites sephen M. ET H. in der Mitte der Seite der Palatoquadrata sich befanden. Deshalb und wegen der ungenügenden Kenntnis der Wurzeln kann selbst von einer generischen Bestimmung der Zähne keine Rede sein.

Von Ptychodontidae, die gewölbte, rechteckige bis ovale Zähne haben, unterscheiden sich alle vorliegenden scharf, obwohl sie wie diese, wenn auch sehr schwache Längsrunzeln zeigen. Zu den Trygonidae, etwa zu Hypolophus oder einer ähnlichen Form, darf man sie nicht rechnen, weil auch diese in der Symphysenregion der Palatoquadrata typische Trygonidenzähne besitzen (JAEKEL 1894, S. 125) und überall zwei Wurzeln haben. Von Myliobatidae kommt Aëtobatis mit seinen sehr langen Symphysenzähnen gewiß nicht in Betracht; bei Myliobatis sind diese wohl auch stets stärker verlängert; wohl aber könnte Rhinoptera[1])

---

[1]) Abbildungen rezenter Gebisse in GARMAN (1913, Taf. 48).

in Betracht kommen, auch weil von ihr schon aus der Kreide, allerdings nur aus dem Senon von Pernambuco, ein Gebißrest bekannt ist (WOODWARD 1907, p. 195/6, Taf. 7, Fig. 6, 7). Die fossilen, ganz ungenügend bekannten Gattungen, *Myledaphus* COPE und *Rhombodus* DAMES aus der obersten Kreide und auch *Hypolophites* STROMER aus dem ältesten Tertiär unterscheiden sich schließlich durch die Zahnhöhe und die zweiteiligen Wurzeln, *Apocopodon* COPE aus der obersten Kreide durch die Höhe und den etwas unregelmäßigen Umriß der Krone und durch deren Querrunzeln, *Hylaeobatis* WOODWARD (1916, p. 19) endlich aus dem Wealden durch die Skulptur und Wölbung der Krone und die Rundung von deren Ecken, sowie das unregelmäßigere Trabekulardentin derselben.

Cfr. *Hypolophites.*

Taf. I, Fig. 5a—c.

Am Fundorte B auf dem G. Mandische fand ich (STROMER 1914, S. 31) einen bis auf einen Teil der Kronenoberfläche vollständigen Pflasterzahn, der leider ein Unikum blieb, denn höchstens ein allseits durch Bruchflächen begrenztes, rechteckiges Stück von 25 mm Länge, 14 Breite und über 17 Höhe, das ich an der gleichen Stelle fand, könnte seiner Struktur nach dazu gehören.

Wie die Abbildungen zeigen, handelt es sich um ein gestrecktes Sechseck, das ziemlich regelmäßig ist, außer daß ein Ende breiter und stumpfwinkeliger ist als das entgegengesetzte. Die Länge beträgt 20 mm, die Breite 8,5—9,5, der Zahn ist also wie die langen der vorigen Form über zwei Mal so lang als breit. Seine unabgenutzte Oberfläche ist in der Querrichtung ganz schwach gewölbt und zeigt unter der Lupe eine sehr feine Körnelung und am vermutlichen Vorderrande eine feine Riefung. Noch deutlicher ist der Unterschied von der vorigen Form in den Seitenansichten der Krone. Sie ist nämlich sehr hoch und zwar am schmäleren Ende höher als am breiteren, 11 gegen 9,5 mm, also ungefähr so hoch als breit. Die Seiten stehen übrigens auch hier nicht ganz senkrecht, sie konvergieren nämlich ein wenig basalwärts. An der wohl vorderen Seite sind sie in der Vertikalrichtung ganz schwach gewölbt und mit deutlichen Runzeln versehen, auf der linqualen Seite aber sind diese nur sehr schwach und die Flächen ein wenig konkav.

Der Wurzelsockel, an beiden Enden etwas abgerieben, ist etwa halb so hoch als die Krone und wie sie am schmaleren Ende ein wenig höher, 6 gegen 5 mm; daher ist der ganze Zahn an ihm deutlich höher als am andern. Dies und die Asymmetrie seiner Enden spricht dagegen, daß es sich um einen Zahn einer unpaaren Symphysenquerreihe handelt, und dafür, daß er einem quer zur Symphyse gewölbten Pflastergebiß angehörte. Der Sockel ist von der Krone durch eine wagrechte, besonders vorn deutliche Furche abgegrenzt und anscheinend ein gestrecktes Rechteck von etwa 18 mm Länge und 5 Breite, dessen Seitenflächen so ziemlich senkrecht und dessen Unterseite flach ist. An der Vorderseite befinden sich in der Mitte der Höhe sechs Nährlöcher, die Unterseite war sicher nicht zweiteilig und es besteht auch kein Anhalt dafür, daß sie Querleisten besaß.

Alle Seiten der Wurzel erweisen sich bei Lupenvergrößerung als derartig porös, daß an ihrer Zusammensetzung aus wirrem Trabekulardentin nicht zu zweifeln ist. Aber auch die Seitenflächen der Krone lassen, besonders unten, unter der Lupe so viele Poren erkennen, daß eine große Regelmäßigkeit hier nicht bestehen kann. Anders wird es aber offenbar oben, denn dort, wo die Oberfläche in etwa 1,5 mm Dicke abgesprungen ist, sieht man, abgesehen vom Querschnitt einer ganz dünnen Schmelzdecke, mit der Lupe die kreisförmigen Querschnitte der senkrechten Pulpakanäle sehr regelmäßig verteilt und keine schrägen oder Längs-Schnitte.

Näher bestimmen läßt sich solch ein vereinzelter Pflasterzahn nicht, so oft welche auch schon spezifisch benannt worden sind. Jedenfalls gehört er nach seiner Gestalt zu einer anderen Gattung als die oben beschriebenen, erheblich kleineren Pflasterzähne. *Ptychodus*, *Hylaeobatis*, *Aetobatis*, *Myliobatis* und *Apocopodon* schließen sich ziemlich aus denselben Gründen aus wie bei jenen, *Rhinoptera* aber wegen der Wölbung des Pflasters und des Fehlens von Wurzelleisten. *Myledaphus*, *Rhombodus* und *Hypolophites*, die in den Proportionen der Zähne ähnlich sind, unterscheiden sich hinwiederum schon durch die Zweiteilung ihrer Wurzel. Erwähnenswert ist aber doch, daß der alteocäne *Hypolophites* in der zur Symphyse queren Wölbung des Pflasters und in der etwas asymmetrischen Gestalt der paarigen Mittelzähne des von mir (STROMER 1910, S. 490 ff., Fig. 4) beschriebenen Pflasters, das nach LERICHE (1913, p. 72/3) ein unteres ist, der vorliegenden Form besonders gleicht. Auch *Hylaeobatis* hat solche asymmetrische, auf eine Wölbung seines Zahnpflasters hinweisende, aber gewölbte Zähne. Als Beweis für eine nähere Verwandtschaft genügt dies aber kaum. In der schwächeren Skulptur der Kronenoberfläche und besonders in der Einfachheit des Wurzelsockels steht jedenfalls der vorliegende Zahn tiefer, in seiner Verlängerung aber höher als der erheblich jüngere *Hypolophites*. Die Wurzel der *Hylaeobatis*-Zähne ist leider unbekannt.

Eben wegen des einfachen Sockels könnte man schließlich bei den beiden hier beschriebenen Pflasterzahnformen auch an *Strophodus* denken, bei dem die Struktur dieselbe ist (AGASSIZ III, Taf. K, Fig. 3—5) und ähnliche Zahnproportionen vorkommen. Aber als wesentlicher Unterschied bleibt doch nicht nur der Kronenumriß, der dort rhomboidisch bis fast rechteckig, hier sechseckig bis rhombisch ist, sondern auch die dort stets deutliche bis starke Wölbung der Kronenoberfläche. Abgesehen davon ist nichts von mittleren Höckerzähnen gefunden worden, wie sie *Strophodus* besitzt. So wenig nach allem eine sichere systematische Einreihung der vereinzelten flachen Pflasterzähne möglich ist, so bieten doch die vorliegenden stammesgeschichtliches Interesse. Es kann aber darauf erst am Schlusse der Arbeit eingegangen werden.

? *Trygonidae*.

Cfr. *Trygon*.

Taf I, Fig. 20a—d und Taf. III, Fig. 3.

An verschiedenen Punkten des Sockels des G. el Dist fand MARKGRAF in der Schicht n sieben einzelne, kleine Zahnkronen. Ihre poröse Basis ist nur 2—2,6 mm lang und unter 1 breit; die Wurzel fehlt leider völlig, daher ist nicht einmal sicher, ob es sich um ursprünglich bewurzelte Zähne eines Elasmobranchiers oder um abgebrochene, akrodonte Zähne eines teleostomen Fisches handelt.

Die Krone ist viel größer als ihre Basis, ein zweiseitig symmetrischer, längsgestreckter Höcker mit nach oben zu stumpfwinklig geknickter Längskante oben auf dem Außenrande. Ihr Umriß entspricht ungefähr einem Kreissektor mit einer Konvexität in Mitte des Sektanten, der die Außenseite bildet. Die Länge beträgt 2,5—3,5, die Dicke (Breite) 1,8—2 und die Höhe 1,9—2,1 mm. Die Länge übertrifft also die beiden anderen, ungefähr gleichen Dimensionen stets etwas bis deutlich. Die Oberfläche, welche glatt oder nur mit einigen breit gerundeten Runzeln versehen ist, springt von der Basis aus allseits schräg nach oben vor, um dann in einer gerundeten, wagrechten Kante, an jedem Längsende aber in einem spitzen Eck nach der etwas stumpfwinkeligen, außen vor der Mitte gelegenen Spitze des Höckers umzubiegen. Auf der Außenseite steht die ganze obere Hälfte ziemlich senkrecht und ist, besonders in der Mitte in der senkrechten und Längsrichtung gewölbt. Innen aber liegt die Umbiegungskante über dem unteren Viertel und ist sie stark linqualwärts konvex; die darüber liegende Fläche, in vertikaler Richtung konkav, in der Längsrichtung etwas konvex, steigt von da nach oben außen zur obersten Längskante und besitzt in der Mitte eine gerundete Querkante.

Eine, an einem Ende verletzte Krone opferte ich für einen Dünnschliff. Leider gelang es nicht, eine bestimmte Richtung dabei zu wählen. Gesichert ist aber, daß wirres Trabekulardentin vorhanden ist. Es sind nicht nur quer oder schräg getroffene Pulpakanäle zu sehen, sondern dabei auch zahlreiche, eigenartig bogenförmig geschwungene. Die bäumchenförmig verzweigten Dentinröhrchen gehen davon in etwas wirrer Anordnung aus. Schmelz ist in dem Schliffe nicht zu sehen.

Die größte Ähnlichkeit mit diesen Zahnkronen finde ich bei *Trygon* z. B. *Tr. tuberculata* (rezent) oder *Tr. thalassia fossilis* Jaekel aus dem Mittelmiocän von Baltringen (Probst 1874, S. 75—78, Taf. 1, Fig. 1—13; Jaekel 1890 (a) S. 365/6; 1894, S. 134, Fig. 28). Die zwei Wurzelhörnchen können ja leicht abbrechen und die Form der Krone ist wesentlich gleich, nur liegt die Kronenunterseite dort fast wagrecht, wodurch die Kanten gegen ihre Oberseite viel schärfer werden als bei den vorliegenden Zähnen. Ferner sind dort meistens kurze Querrunzeln oben auf der Krone vorhanden, während der quere Wulst inmitten der Innenseite fehlt oder nur angedeutet ist. Ein Dünnschliff durch ein winziges Zähnchen der ersteren Art, der sich leider ebenfalls nicht orientieren ließ, zeigt allerdings keine deutlichen Pulpakanäle, aber doch offenbar wirres Trabekulardentin.

Jaekel (1894, S. 132—134, Fig. 27) hat nun bereits nachgewiesen, daß sehr ähnliche Zähnchen schon in der Kreide vorkommen, nämlich *Ptychotrygon triangularis* (Reuss 1846, S. 2, Taf. 2, Fig. 14—19) im Turon (unteren Pläner) von Böhmen. Diese haben aber zum Unterschiede von *Trygon* und noch größeren von den vorliegenden Zähnchen so kräftige und zahlreiche Schmelzrunzeln, daß sie Reuss zu *Ptychodus* gerechnet hat. Sie weichen also stärker ab als die *Trygon*-Zähne. Überdies ist ihre Struktur noch nicht beschrieben.

Da der vielfach zu den *Trygoniden* gerechnete, oberkretazische *Cyclobatis* Egerton (Woodward 1889, p. 155) nach Jaekel (1894, S. 83—70) sich nach der Struktur seiner Zähne und Hautzähne und dem Bau seiner Bauchflossen den *Rajidae* anschließt, und da der von Hasse (1882, S. 144, Taf. 19, Fig. 4—6) zu *Trygon* gestellte Wirbelkörper aus dem Aptien von St. Dizier keinen Beweis für das Vorkommen von *Trygonidae* in der Kreide bilden dürfte, stammen die ältesten, gesicherten *Trygonidae* aus dem Mitteleocän (Jaekel 1894, S. 134, Anm. 2, *Xiphotrygon* Cope). Der zeitliche Abstand von den vorliegenden Zähnchen ist also sehr groß. Außerdem besteht in der Gestalt und Struktur der Zahnkronen keine genügende Übereinstimmung und vor allem sind die so wichtigen Wurzeln der Zähnchen unbekannt. Ich bin daher nur im Stande, auf die Ähnlichkeit mit *Trygon*-Zähnchen hinzuweisen, aber nicht, eine Bestimmung vorzunehmen.

B. Stachelschuppen und Stacheln.

? Pristidae.

Onchopristis numidus (Haug).

Taf. I, Fig. 28—35.

Auf der Ost- und Südseite des Sockels des G. el Dist hat Markgraf in der Schicht n über 30 Stachelschuppen von verschiedener Größe und Form gesammelt, eine auch am Osthang des G. Mandische, wo ich am Fundorte A schon eine gefunden hatte. Ihre scharfe, schlanke, im Querschnitt ungefähr kreisförmige Spitze steht nur bei wenigen winzigsten ziemlich senkrecht; sonst ist sie etwas bis stark rückgeneigt und meistens auch ein wenig rückgebogen. Sie ist mit glattem Schmelz bedeckt, nur bei einer der größten zieht sich hinten eine ganz schwache Kante bis etwa in Mitte der Höhe herab, wo sie in einem winzigen Eckchen endet, und auch vorn ist eine Kante angedeutet. Die Größe der Spitze schwankt sehr; die winzigsten sind kaum 1 mm hoch, die größten — leider außer bei 2 Stück abgebrochen —, am Vorderrande 10 mm. Sie erheben sich auf der Basis meistens ziemlich zentral, einige größte, deutlich rückgeneigte aber deutlich vor der Mitte.

Die Basis ist immer ein massiver, unten ziemlich flacher, oben etwas, selten stärker gewölbter und hier radial gerippter Sockel, dessen ziemlich scharfer Rand den Rippenenden entsprechend meistens schwach, bei den sehr kleinen Stachelschuppen aber in der Regel stark zackig ist. Letztere sind also sternförmig. Im Übrigen wechselt der Umriß der Sockel sehr. Die kleinsten, von 2 bis zu 5 mm Durchmesser sind fast alle ungefähr kreisförmig, nur einer von etwa 3 mm Längsdurchmesser dreieckig mit der Spitze vorn. Die größeren aber sind teils gleichschenkelig dreieckig mit der kurzen Basis hinten, teils, und zwar seltener, längsoval. Ein solch letzterer Sockel mit 11,5:5 mm Durchmesser (Fig. 32a, b) ist ausnahmsweise schmal, denn sonst übertrifft die Länge nur etwas die größte Breite. Die Gesamthöhe der Stachelschuppen endlich ist allermeist etwas geringer als die Länge. Ein Längsschliff durch eine unvollständige, mittelgroße Stachelschuppe zeigt im Stachel unter dem Schmelz Pulpadentin. Beide sind stark doppelbrechend, aber deutlich von einander abgegrenzt, obwohl die Dentinröhrchen in großer Anzahl bis weit in den Schmelz hineinreichen. Sie sind fein und nur sehr spitzwinkelig verzweigt. Im Sockel ist, wie zu erwarten, wirres Trabekulardentin.

Ein sicherer Nachweis, daß all diese Stachelschuppen zusammengehören, ist natürlich unmöglich. Sie haben aber trotz aller Größen- und Formenunterschiede doch Wesentliches gemeinsam und erscheinen durch Übergänge verbunden. Ihre Unterschiede brauchen ja nicht nur auf Variabilität zu beruhen, sondern können es auch darauf tun, daß sie verschiedenen Körperregionen und auch Individuen von verschiedener Größe angehören. Ihre verhältnismäßig große Häufigkeit in der Schicht n läßt zunächst auf ihre Zugehörigkeit zu einer in ihr nicht allzu seltenen Art schließen. Da nun *Lamnidae* und wohl auch *Heterodonti* kaum je solche Stachelschuppen besessen haben, kommen nach diesem Gesichtspunkte *Onchopristis*, der zuerst beschriebene *? Myliobatide* und der *? Trygonide* in Betracht. Gegen die Zugehörigkeit zu letzteren beiden *Centrobatoidei* spricht aber die Struktur der Stacheln, da dort nach Jaekel (1894, S. 116) nicht Pulpadentin, sondern Trabekulardentin vorhanden ist. Bei den Sägezähnen von *Onchopristis numidus* (HAUG) dagegen ist die Struktur von Krone und Sockel genau dieselbe (STROMER 1917, S. 6, Taf. 1, Fig. 12, 13). Die Zahnkronen weichen allerdings im Mangel von Skulptur, von Widerhaken und im Querschnitt ab und die Sockel im Umrisse, der geringen Höhe und der nicht konkaven Unterseite. Die eine erwähnte Stachelschuppe mit Andeutungen von vorderer und hinterer Kante und die mit besonders schmalem Sockel vermitteln aber ein wenig. Dazu kommt, daß bei *Sclerorhynchus atavus* WOODW. aus dem Turon des Libanon, bei einer im Bau und geologischen Alter *Onchopristis* nicht fern stehenden Gattung (STROMER 1917, S. 122 ff.) spitze, allerdings sehr kleine Plakoidschuppen und Rostralzähne mit sternförmiger Basis erwähnt wurden (WOODWARD 1892, p. 532; HAY 1903, p. 400, 402, 403), also Formen wie die kleinsten der vorliegenden. Demnach ist die Wahrscheinlichkeit sehr groß, daß all diese zu *Onchopristis numidus* (HAUG) gehören.

A n h a n g : Eine kleine Stachelschuppe weicht derartig von den beschriebenen ab, daß sie gewiß nicht dazu gehört. Ihre rückgeneigte Spitze wird nämlich basalwärts in der Längsrichtung breit und geht allmählich in den hochgewölbten massiven Sockel über, der im Umriß eiförmig mit der Spitze vorn und nur ganz fein radial gestreift ist. Die Schuppe ist 3,5 mm lang, 2 breit und im Ganzen etwa 3 hoch. Schon mangels der Kenntnis ihrer Struktur ist sie nicht bestimmbar.

Hybodontidae.

Asteracanthus aegyptiacus n. sp.

Taf. I, Fig. 18, 19 und Taf. III, Fig. 4, 5.

Von sehr stattlichen Rückenflossenstacheln mit Höckerskulptur fand ich (1914, S. 31) mehrere Stückchen am Fundorte B auf dem G. Mandische (Nr. 1912 X 8), eines auch am SW Fuße des G. Maghrafe, MARKGRAF dann drei unvollständige (Nr. 1912 VIII 46, 47) in der Schicht n auf dem Sockel des G. el Dist, einen kleineren, fast vollständigen, aber etwas verwitterten und verdrückten (Nr. 1922 X 10) einen Kilometer östlich von Ain Murûn wenige Meter über der Kesselsohle, endlich Herr Dr. LEBLING eine Spitze (Nr. 1914 IV 14) in der Ceratodus-Schicht am Plateau-Absturze östlich des G. Harra und einige Stückchen (Nr. 1914 IV 13) beisammen 10 km westlich von Ain el Häss. Wenn auch der auf der tiefsten Schicht der Baharîje-Stufe gefundene Stachel seinem Erhaltungszustande nach nur ein Verwitterungsrest aus einer etwas höheren, vielleicht Schicht n, sein dürfte, so sind doch diese Reste offenbar in den unteren bis mittleren Schichten, und nach dem zuletzt aufgezählten Funde zu schließen vielleicht auch in den oberen Schichten der Stufe verbreitet und nicht selten.

Die größten Stacheln (Nr. 46, 1 und 2) waren gewiß über $1/3$ m hoch; der Sagittal- und der Querdurchmesser des einen bis auf die Spitze und Basis vollständigen (Nr. 46, 1) beträgt dicht über dem Oberende des hinteren Schlitzes 3,8 und 2,2 cm, während dieselben Maße bei dem kleinen Stachel (Nr. 10) etwas über 22, 2,7 und etwa 1,5 cm betragen; es handelt sich also um sehr große bis mittelgroße Stacheln, wie auch aus den übrigen Bruchstücken zu erschließen ist. Sie laufen allmählich spitz zu und sind deutlich nach hinten gekrümmt und zwar ihr Vorderrand oben und unten mehr als der hintere. Ihr Querschnitt über dem Schlitz ist ein gleichseitiges Dreieck mit gerundeten Ecken, dessen etwas konvexe Basis (Rückseite) über einhalb so lang ist als eine der anderen Seiten (Flanken). Der Schlitz für den Flossenknorpel reicht bis ungefähr zur Mitte der Stachelhöhe hinauf, dann schließt er sich zu der Stachelhöhle. Die Hinterseite darüber ist unten etwas, gegen die Spitze zu immer stärker gewölbt, so daß zuletzt eine mediane Kante entsteht, die zwei Flanken aber sind nur sehr schwach gewölbt.

Der unskulptierte, ganz im Körper des Tieres steckende Teil des Stachels, den man seine Wurzel nennen kann, umfaßt an dessen Vorderrande bei den zwei größten Stacheln etwa ein Viertel, bei dem kleineren (1922 X 10) aber nur ungefähr ein Siebentel der Gesamthöhe. Seine obere Grenze, ein wenig nach unten hinten zu konvex, bildet mit der Mittellinie des Stachels einen Winkel von etwa 40°, bei dem genannten kleineren Stachel von nur 35°; jedenfalls waren also die Stacheln, wenn man diese Grenze wagrecht stellt, ziemlich schräg nach hinten geneigt. Darüber ist nun der Vorderrand wie beide Flanken dicht und gleichmäßig mit glänzenden, auch bei Lupenvergrößerung glatten, runden Höckerchen besetzt, die stärker als eine Halbkugel gewölbt bis fast konisch sind. Wie die Abbildungen Fig. 18 a und 19 b zeigen, variiert ihre relative Größe etwas, ihr Durchmesser beträgt aber nicht über 1,5—2 mm und zwar werden sie vom Vorderrande an nach hinten zu ein wenig kleiner, besonders aber natürlich gegen die Spitze zu. Sie sind in dichter Stellung in Querreihen angeordnet, die etwas geschwungen verlaufen, deutlicher aber in Reihen, die ungefähr dem Vorderrande parallel verlaufen, innerhalb deren ihre Abstände so groß wie ihr Durchmesser oder größer sind. Auch gegen die Spitze zu vereinigen sich die Höckerchen nie zu Leisten. Die Zahl der senkrechten Reihen beträgt auf einer Flanke des großen Stachels (1912 VIII 46) an der dicksten Stelle etwa 25, gegen die Spitze zu nimmt sie bis auf wenige ab.

Die Rückseite zeigt, besonders in ihrem unteren Teile, eine feine senkrechte Streifung. In ihrer gewölbten Mitte beginnen bei dem kleineren Stachel kaum 1 cm über dem Schlitzende, bei den großen (1912 VIII 46) aber erheblich darüber zwei Reihen alternierender Haken, die nach oben zu sich so nähern, daß sie einige Zentimeter unter der Spitze in eine zusammenlaufen. Die Haken sind etwa doppelt so groß als die Flankenhöcker, konisch mit in der Höhenrichtung gestrecktem, ovalem Sockel und mit basalwärts gekrümmter, schmelzglänzender Spitze. Nur bei bester Erhaltung sieht man, daß ihre Seiten durch feine, radiale Leistchen skulptiert sind (Taf. 1, Fig. 19 d). Ihre Abstände sind unten zwei bis dreimal so groß als ihr Durchmesser, werden aber nach oben zu geringer, so daß sich die Haken einige Zentimeter unter der Spitze dicht gedrängt folgen.

Von der in mehreren Dünnschliffen, die parallel und senkrecht zur Höhenachse gelegt wurden, untersuchten Struktur, Taf. III, Fig. 4 und 5, soll später ausführlich die Rede sein. Hier genügt die Bemerkung, daß die ganze Stachelwand aus regelmäßigem Trabekulardentin besteht, welches zwei bis drei um die Stachelhöhle konzentrische Zonen zeigt. In der äußeren Zone, dem Hauptteile des Stachels, steigen die Pulpakanäle senkrecht auf, in der inneren, nur im oberen Stachelteile, der Krone, nachgewiesenen Zone aber herrschen wagrecht radial von der Pulpahöhle ausstrahlende Pulpakanäle vor (Plicidentin). Die äußere zerfällt dann wieder in zwei Zonen, indem in ihrer inneren, größeren Hälfte die Pulpakanäle weit und nur durch eine mäßige Zahl von Anastomosen verbunden sind, während in der äußersten Zone die erheblich engeren Pulpakanäle sehr viele Anastomosen besitzen. Von ihnen münden manche zwischen den Flankenhöckerchen nach außen, andere treten unregelmäßig gekrümmt in diese ein und können auch hier an die Außenfläche ausmünden.

Die Höckerchen bestehen also ganz aus wirrem Trabekulardentin, von Schmelz kann ich keine Spur nachweisen. Auch der Sockel der hinteren Haken besteht aus wirrem Trabekulardentin; diese selbst konnte ich leider nicht untersuchen, doch dürften sie ebenso wie die von *Hybodus*, Taf. III, Fig. 6, aus einfachem Pulpadentin bestehen, vielleicht mit einer schwachen Schmelzdeckschicht.

Die Stachelhöhle ist übrigens im oberen Stachelteile in eine vordere und eine kleinere, hintere Hälfte von nicht sehr regelmäßigem Umrisse geteilt.

Abgesehen von der Gesamtgröße und der etwas wechselnden der Flankenhöckerchen und der Variabilität der hinteren Haken sind kaum Unterschiede der Stachelreste zu bemerken, so daß man sie als zu einer Art gehörig ansehen muß. Nach ihrer Form und Skulptur gehören sie zu *Asteracanthus* Ag., wozu auch die von Agassiz (III, Taf. A, Fig. 7) offenbar etwas schematisiert abgebildete Struktur paßt. Woodward (1889, pp. 307—312) hat nachgewiesen, daß die Stacheln von *Ast. ornatissimus* Ag. (III, p. 31, Taf. 8) mit den Pflasterzähnen von *Strophodus reticulatus* Ag. (III, p. 123, Taf. 17) und *subreticulatus* Ag. (III, p. 125, Taf. 18, Fig. 5—10) aus dem oberen Jura Europas zusammengehören und daß es ein *Hybodontide* war, dessen Männchen große, gekrümmte Widerhaken an den Kopfseiten besaß. Die im oberen Jura häufige Gattung ist aber bisher in jüngeren Schichten nur in sehr seltenen und dürftigen Resten nachgewiesen.

Fast alle beschriebenen Flossenstacheln besitzen übrigens sternförmige Flankenhöckerchen mit starker Radialskulptur. Von den jurassischen hat nur das hier befindliche Stachelstück, das Wagner (1861, S. 317/8) aus dem obersten Jura von Kehlheim in Niederbayern beschrieben hat, auch an nicht abgeriebenen Flankenhöckerchen fast keine Radialskulptur. Die Höcker sind aber meistens oval und besonders gegen den Vorderrand zu größer und vor allem ist der Stachel nicht so stark seitlich abgeplattet wie die vorliegenden. Das Gleiche gilt von dem besser erhaltenen Stachel, den Dollfus (1863, p. 34, Taf. 2) aus dem Kimmeridge von Cap de la Hève bei le Havre als *Ast. lepidus* beschrieben hat und zu dem wohl Wagners Original gehört. Geologisch jüngere Stacheln sind nur aus dem Neokom Westeuropas beschrieben. Davon weichen die Stachelstücke von *Ast. granulosus* Egerton (1855, p. 1, Taf. 1, Woodward 1915, p. 18, Fig. 9) aus dem Wealden von Sussex und aus dem Neokom von St. Croix in der Südschweiz (Pictet et Campiche 1860, p. 98, Taf. 12, Fig. 11 a—d) stark ab, da der Stachelquerschnitt über dem Schlitz infolge geringer vorderer Zuschärfung und Flanken-Abplattung fast oval ist und die Flankenhöckerchen zwar ähnlich klein, aber radial skulptiert und gegen die Spitze zu durch senkrechte Leisten verbunden sind. *Ast. cfr. acutus* Ag. aus dem unteren Neokom des pariser Beckens von Leriche (1910, p. 456/7, Taf. 6, Fig. 1, 1 a) beschrieben, unterscheidet sich ebenfalls durch die Rippen, welche die anscheinend etwas ovalen Höckerchen gegen die Spitze zu verbinden.

Da in der Baharîje-Stufe keine *Strophodus*-Zähne gefunden worden sind, kommen die sehr wenigen, aus nachjurassischen Schichten beschriebenen Zähne für einen Vergleich nicht in Betracht. Über die Herkunft von *Str. punctatus* Ag. habe ich ja schon auf S. 9/10 das Nötige ausgeführt; ganz vereinzelte, nicht näher bestimmbare Zähne erwähnte Priem (1911, p. 15) aus dem Albien der Ardennen und beschrieb er (1912, p. 256, Taf. 8, Fig. 14 und Textfig. 3) aus dem unteren Neokom und Albien Südfrankreichs und Yabe (1902, p. 6) aus dem Torinosu-Kalke Japans. Endlich sind die auf S. 10 schon besprochenen Zähne von *Str. eocaenicus* Tate aus dem Tertiär Australiens zu erwähnen.

Jedenfalls sind also die vorliegenden Rückenflossenstacheln von allen verglichenen deutlich verschieden, so daß ich trotz der von Woodward (1889, pp. 250 und 307) geäußerten Bedenken gegen die Bestimmbarkeit einzelner Flossenstacheln eine neue Art *Asteracanthus aegyptiacus* für sie aufstellen muß. Die Abplattung der Flanken und die geringe Größe, gleichmäßige Verteilung und einfache, runde Form, sowie die Skulpturlosigkeit von deren Höckerchen sind ihre bezeichnenden Merkmale.

Hybodus Aschersoni n. sp.

Taf. II, Fig. 1—3 und Taf. III, Fig. 6—9.

Erheblich häufiger als die vorige Form sind Reste von Rückenflossenstacheln mit senkrechten Rippen, denn es liegen mir 20 einzeln gefundene Reste, darunter ein Dutzend mehr oder minder vollständige vor.[1]) Die Fundschichten sind so ziemlich dieselben wie bei *Asteracanthus*. Einen vollständigen Stachel (1911 XII 9) fand ich ebenfalls auf der tiefsten Schicht südlich des G. Maghrafe; da er aber stark verwittert ist, handelt es sich wohl auch nur um einen Rückstand aus einer etwas höheren, denudierten Schicht. Eine Anzahl Bruchstücke sammelte ich nämlich am Fundorte A und B des G. Mandische (Stromer 1914, S. 30/1, Taf. III, Fig. 7—9), fast alle vollständig und gut erhaltenen Stacheln aber Markgraf in der Schicht n an verschiedenen Stellen des G. el Dist-Sockels (Taf. II, Fig. 1—3, Taf. III, Fig. 6), nur einen (1922 X 44) in wohl derselben Schicht 3 km südöstlich des G. el Ghorâbi. Ein Stückchen (1911 XII 12) fand ich aber in einer höheren roten Schicht g mit Exogyra-Schalen (Stromer 1914, S. 26) in der unteren Hälfte des Steilhanges des G. el Dist und eines in der gleichen Schicht am G. Mandische. Diese Stacheln sind also in den wesentlich marinen, mittleren Schichten der Baharije-Stufe häufig.

Die gut erhaltenen zeigen alle die für *Hybodus*-Stacheln bezeichnende Kannelierung der Kronenflanken, bei manchen ist diese aber mehr oder weniger abgewetzt, so daß Übergänge (1922 X 12 und 44; 1912 VIII 49) zu den Stacheln bestehen, die ganz glatt sind (1922 X 11), welche ich (1914a, S. 4/5) besonders erwähnt habe. Es handelt sich also nur um einen Erhaltungszustand. Bis auf zwei sehr kleine, scharfe Spitzen (1912 VIII 51, Taf. II, Fig. 4) aus der Schicht n des G. el Dist bestehen auch Übergänge in der Größe zwischen den stattlichen Stacheln, bei denen übrigens leider stets die oberste Spitze abgebrochen ist, wie auch allermeist das Unterende unvollständig ist. Wenn man diese Enden mitrechnet, sind nämlich von den ziemlich vollständigen Stacheln die kleinsten (1911 XII 9 und 1922 X 44) 24—25 cm hoch, größere über 30 bis 35 und der größte (1912 VIII 47a, Taf. II, Fig. 3) etwa 40. Die letzteren gehörten also Tieren an, welche die stattlichsten *Asteracanthus aegyptiacus* noch an Größe übertrafen. Zum Vergleiche kann dienen, daß bei einem oberliassischen *Hybodus hauffianus* von 220 cm Gesamtlänge der vordere wie der hintere Stachel etwa 28 cm hoch ist; es muß sich hier demnach um 2—4 m lange Tiere gehandelt haben.

In der Form bestehen gleichfalls sehr deutliche Unterschiede, aber es gibt auch vermittelnde Stücke. So sind manche sehr wenig rückgebogen, z. B. kleine (1911 XII 9) und ein großer Stachel (1912 VIII 50, Taf. II, Fig. 1a), wenige, z. B. der größte (1912 VIII 47a, Taf. II, Fig. 3a) sind nur oben stärker rückgebogen und mehrere, stattliche über-

---

[1]) Siehe die Tabelle auf S. 23!

haupt deutlich gebogen, z. B. zwei anscheinend zusammengehörige (1912 VIII 48a, b) und ein großer (1912 VIII 48c, Taf. II, Fig. 2a). Alle sind seitlich deutlich abgeplattet, aber der Grad der Abplattung schwankt ebenfalls ziemlich stark, wie die Maße der Tabelle auf S. 23 und Fig. 1d, 2b, 3b und 4b auf Taf. II zeigen. Ebenso schwankt das Verhältnis der Gesamtlänge zum größten Sagittaldurchmesser zwischen 7,6 und 10 etwa, also wechselt auch die Schlankheit der Stacheln.

Der Schlitz des Wurzelteiles reicht allerdings überall ziemlich gleich hoch, nämlich ziemlich genau bis zur Mitte der Höhe. Der untere, unskulptierte Teil, den man am besten kurz die „Wurzel" nennt, nimmt aber eine etwas wechselnde Höhe ein, nämlich über ein Drittel bis über ein Viertel der Gesamthöhe, meistens aber das Letztere. Auch der Verlauf der oberen Grenze dieses Teiles ist verschieden. Sie ist stets ein nach hinten unten konvexer Bogen, dessen mittlerer auf den Flanken gelegener Teil etwa 45° zur Achse des Stachels geneigt ist und dessen hinterer sich ziemlich weit dorsalwärts außen am Schlitzrande hinaufzieht. Der genannte Winkel schwankt nun stark, zwischen 40—60°, und zwar ohne Beziehung zur Stachelgröße. Bemerkenswert ist dabei, daß zwischen den zwei, wahrscheinlich zusammengehörigen Stacheln (1912 VIII 48a, b) ein Unterschied des Winkels von 10° besteht.

Der Stachelvorderrand ist immer gerundet, nur bei der winzigen Spitze (1912 VIII 51, Taf. II, Fig. 4) mit einer scharfen, dünnen und schmelzglänzenden Kante versehen. Die Flanken sind nur bei ihr deutlich gewölbt, sonst, besonders im skulptierten Teile, der „Krone", sehr wenig (Taf. II, Fig. 1d, 2b, 3b). Die gewölbte Rückseite ist überall bis auf jene Spitze (Taf. II, Fig. 4b) von den Flanken in je einer deutlichen Kante abgegrenzt und neben ihrem Mittelteil schwach konkav. Diese Mitte hebt sich deshalb bei diesen Stacheln als besonderer Rücken heraus. Er ist oben sehr schmal und niedrig und wird basalwärts allmählich etwas breiter und höher, bis er ober dem Schlitze endet. Der Querschnitt der Stacheln ist demnach gerundet vierseitig, wobei allerdings die zwei Rückseiten wie bei *Asteracanthus* fast besser als Einheit aufgefaßt werden. Der größte sagittale und transversale Durchmesser liegt ganz nahe ober dem Schlitzende und sein Verhältnis schwankt, wie die Tabelle auf S. 23 zeigt, sehr stark, nämlich zwischen 1,5 und 2, meistens allerdings nur zwischen 1,65 und 1,75.

Der hintere Mittelrücken ist wie bei *Asteracanthus* der Träger der Hakenzähnchen, die leider oft abgebrochen oder bis zum völligen Verschwinden abgeschliffen sind. Sie sind in ziemlich gleichmäßigen Höhen-Abständen in zwei Reihen und im ganzen alternierend angeordnet. Beide Reihen vereinigen sich allmählich nach oben zu mit der Verschmälerung des Rückens, so daß zuletzt nur eine mediane Reihe von Zähnchen in dichter Folge vorhanden ist. Unten wechseln Beginn und Abstände der Zähnchen sehr stark. Normaler Weise beginnen sie nämlich nahe über dem Unterende des Rückens, also nicht weit über dem Schlitze, bei einem Stachel (1922 X 12) aber erst 3 cm darüber. Die Höhenabstände der Hakenzähne betragen übrigens bei dem auch von hinten abgebildeten Stachel (1912 VIII 50, Taf. II, Fig. 1a, b) nur etwa 2 mm, bei den andern aber gewöhnlich 4 oder sogar noch mehr mm. Bei dem genannten Stachel besteht überdies die Besonderheit, daß die untersten, sich fast opponierten Zähnchen mehr seitlich als nach hinten ragen.

Die Hakenzähnchen haben einen etwas hochovalen Sockel von höchstens 2—3 mm Durchmesser; sie selbst sind nur bei einigen Stacheln (1911 X 10 und 12; 1912 VIII 47b 48c, d, 50 und 51) genügend gut erhalten, um feststellen zu können, daß sie stets eine dorsale zur Spitze ziehende Kante oder Leiste besitzen, nur einmal (bei 1912 VIII 50, Taf. II, Fig. 1 c) außerdem basale kurze Radialleistchen. Ihre Länge, in der Luftlinie gemessen, wechselt zwischen 2 und 3 mm; auch ihre Gesamtform wechselt etwas, vor allem sind sie bald ziemlich schlank (1912 VIII 48 c, Taf. II, Fig. 2 a), bald in der senkrechten Richtung breit (1912 VIII 47 b), wobei andere (1912 VIII 50, Taf. II, Fig. 1 b) vermitteln.

Die Skulptur der Flanken endlich besteht in einer Kannelierung, die gegen hinten, aber auch gegen die Spitze zu feiner wird, jedoch in wechselndem Grade (Taf. II, Fig. 1 b, 2 a, 3 a, 4 a); die vorderen Rippen sind nie besonders stark. Die Rückseite aber ist nur fein gestreift bis fast glatt. Die stets sehr schmalen Rippen der Flanken laufen wesentlich dem Vorderrande parallel, die hintersten jedoch den hinteren Kanten. Nach oben zu werden sie nicht nur feiner, sondern auch weniger, indem einige sich unter sehr spitzen Winkeln vereinigen, andere einfach auslaufen. Nur einmal (1912 VIII 50, Taf. II, Fig. 1) findet sich die Besonderheit, daß die stärkeren Rippen oben mehr rückgebogen sind als der Vorderrand und unter spitzen Winkeln an die 1—3 feinen, hinteren Leisten stoßen, welche den hier sehr wenig gebogenen hinteren Kanten parallel laufen.

Wenn sich auch die Zahl der Rippen oder Leisten, die am Oberende des Schlitzes am größten ist, fast nie ganz genau angeben läßt, weil die hintersten zu fein und z. T. verwischt oder abgerieben sind, ist ihr Wechsel doch sehr bemerkenswert. Er hängt von dem ihrer Stärke ab. Wie die Tabelle auf S. 23 und die Abbildungen (Taf. II, Fig. 1 b, 2 a, 3 a) zeigen, sind die Rippen an dem größten Stachel (Fig. 3 a) besonders fein und zahlreich (bis etwa 23 jederseits), während sie bei allen von mir am G. Mandische gefundenen Stücken, aber auch bei anderen, z. B. Fig. 1 b, sehr viel stärker und erheblich geringer an Zahl sind (12—15 jederseits); wieder andere, z. B. Fig. 2 a, vermitteln, indem bei ihnen vorn mäßig starke Rippen in ziemlich großen Abständen, hinten auf den Flanken aber mehrere feine in geringen Abständen vorhanden sind, so daß sie 17—20 jederseits haben. Das Spitzchen schließlich (1912 VIII 51, Taf. II, Fig. 4 a) steht auch hier ganz abseits, da es außer feinen Leisten auf der nicht abgebildeten Seite gerade näher am Hinterrande wenige stärkere Rippen besitzt, die ein Stückchen weit anscheinend schmelzbedeckt sind.

Was die in einer Anzahl von Dünnschliffen von mir untersuchten Strukturverhältnisse anlangt (Taf. II, Fig. 6—9), so kann ich mich im wesentlichen auf die genauen Abbildungen und Beschreibungen der Struktur des ungefähr gleichalterigen *Hybodus Eichwaldi* durch Kiprijanoff (1855, S. 392 ff., Taf. 2) beziehen, die ich nur in mehrfacher Beziehung zu berichtigen und zu ergänzen in der Lage bin. Ich muß auch auf die so ziemlich gleiche Struktur des *Asteracanthus*-Stachels verweisen, die ich auf S. 18 kurz beschrieben habe. Deshalb kann ich mich hier sehr kurz fassen, da die gesamten Strukturverhältnisse derartiger Flossenstacheln im folgenden ausführlich dargestellt und verglichen werden.

Wie zu erwarten, besteht der Stachel im wesentlichen aus regelmäßigem Trabekulardentin, das sich wie bei *Asteracanthus* verhält, nur sind hier statt der Flankenhöckerchen die Rippen und die Sockel der Hakenzähnchen aus wirrem Trabekulardentin zusammengesetzt. In der Krone der Hakenzähnchen aber kann ich einfaches Pulpadentin mit kaum verästelten Dentinröhrchen nachweisen (Taf. III, Fig. 6), auffälligerweise aber keinen Schmelz oder auch nur eine Vitrodentindeckschicht. Gegenüber der Darstellung Kiprijanoffs finde ich in der äußeren Zone des Stachelquerschnittes nicht zahlreiche radiär laufende Pulpakanäle und vor allem nirgends eine Spur einer schmelzartigen Deckschicht.

Maßtabelle der Rückenflossen-Stacheln von *Hybodus*.

Bezeichnung	I. Gesamthöhe	II. Wurzelhöhe (mittel)	Verhältnis I:II	III. ober. sagitt.	IV. Schlitz transv.	Verhältnis I:III	Verhältnis III:IV	Schlitzende bis Spitze	Winkel der Kronenunntergrenze m. d. Achse	Halbe Leistenzahl	Rückkrümmung
Nr. 1912 VIII 50 Taf. II, Fig. 1a—d	31 ca.	7 ca.	4,4?	3,1	2,1	10 ca.	1,47	16 ca.	45	14	sehr schwach
Nr. 1912 VIII 48a	29 ca.	6 ca.	4,8?	3 ca.	1,8	9,66?	1,66?	14 ca.	40	15 ca.	stark
Nr. 1912 VIII 48b	29 ca.	über 5	—	3 ca.	1,7	9,66?	1,76?	14 ca.	50	14 ca.	stark
Nr. 1912 VIII 48d	34?	8,5	4?	3,6	2,2	9,44?	1,63	18?	60	17 ca.	schwach
Nr. 1912 VIII 48c Taf. II, Fig. 2a, b	30	8	3,75	3,8	2,3	7,89	1,65	15	55	17 ca.	stark
Nr. 1922 X 44	23 ca.	5	4,6	2,6	1,5	8,21 ca.	1,86	10 ca.	40	12 ca.	mäßig
Nr. 1912 VIII 49	—	7 ca.	—	—	—	—	—	—	50?	13?	—
Nr. 1922 X 11	27 ca.	5,5 ca.	4,9?	3 ca.	1,5 ca.	9?	2?	13	60	12?	schwach
Nr. 1911 XII 9	23,5 ca.	—	—	3,1	2 ca.	7,58 ca.	1,55?	12	—	—	sehr schwach
Nr. 1922 X 12	31 ca.	8,5 ca.	3,64?	3,6	1,8	8,61 ca.	2	15 ca.	40	19 ca.	stark
Nr. 1912 VIII 47b	32 ca.	8?	4?	3,5	2?	9,1 ca.	1,75?	16 ca.	40	20 ca.	stark
Nr. 1912 VIII 47a Taf. II, Fig. 3a, b	40 ca.	8—9?	4,4?	4,1 ca.	2,3 ca.	10 ca.	1,78?	—	45	23 ca.	sehr schwach

Was nun die systematische Bestimmung dieser Stacheln anlangt, so besteht kein Grund, an ihrer Zugehörigkeit zu *Hybodus* Ag. (III, p. 41) zu zweifeln[1]), obwohl bei ihrer Größe und Häufigkeit höchst auffällig ist, daß in der Baharîje-Stufe fast keine dazu gehörigen Zähne gefunden worden sind. Die Bedeutung der oben erörterten Formunterschiede ist bei den isoliert gefundenen Stacheln kaum einwandfrei festzustellen. Einiges ist, wie schon bei der Kannelierung erwähnt und bei den Hakenzähnchen sicher, offenbar nur dem Erhaltungzustande zuzuschreiben, an den obersten Enden aber vielleicht auch einer Abnutzung während des Lebens. Manches mag nur auf Altersunterschieden beruhen, wie vielleicht die besonders starke Verschiedenheit der kleinsten Stachelspitze (1912 VIII 51, Taf. II, Fig. 4) von allen übrigen, sehr viel größeren Stacheln, welchen leider gerade der vergleichbare oberste Spitzenteil fehlt. Bei manchen Unterschieden kann man auch an solche des vorderen von dem hinteren Flossenstachel denken. Ich habe aber diesbezüglich weder in der Literatur noch in Abbildungen oder an schönen Exemplaren von *Hybodontidae* der hiesigen Sammlung etwas von derartigen Formunterschieden entdecken können; ebensowenig auch an den zwei Stacheln (1912 VIII 48a und b), die wahrscheinlich als vorderer und hinterer zusammengehören. Nur in dem Winkel, den die Untergrenze der Krone auf der Flankenmitte mit der Stachelachse bildet, habe ich bei diesen, wie oben auf S. 21 erwähnt, einen Unterschied von 10° gefunden. Dies hängt wahrscheinlich mit der verschieden großen Rückneigung der Stacheln zusammen, die bei *Hybodus hauffianus* E. Fraas und *Fraasi* C. Brown ebenso wie bei manchen *Spinacidae*, z. B. *Oxynotus centrina* an der vorderen Rückenflosse deutlich größer ist als an der hinteren[1]). Bei den bisherigen Rekonstruktionsbildern ist allerdings die starke Rückneigung des vorderen und steile Stellung des hinteren Stachels

---

[1]) Siehe Jaekel 1898, S. 136/7, aber Campell Brown 1900, S. 169 Anm. 3!

[2]) Schon bei dem karbonischen *Hybodontiden Sphenacanthus costellatus Traquair* (1884, Taf. 2) ist dasselbe der Fall.

nicht oder kaum berücksichtigt worden, z. B. von WOODWARD (1916, p. 5, Fig. 2 im Vergleich mit Fig. 1).

Die Unterschiede in den Hakenzähnchen, selbst in deren Skulptur dürften, abgesehen vom Erhaltungszustande, wohl nur auf Variabilität beruhen, ebenso das, überdies nur zu selten genau feststellbare wechselnde Verhältnis der Höhe von Wurzel zur Krone. Bedeutungsvoller erscheinen dagegen die Unterschiede in der Krümmung und der Schlankheit, im Querschnitte und besonders in der Skulptur; man kann kaum glauben, daß derartig verschiedene Stacheln, wie die in Fig. 1 und 3 auf Taf. II abgebildeten, einer Art angehören sollen. Tatsächlich sind auch alle Arttrennungen isolierter *Hybodus*-Stacheln nach derartigen Merkmalen ausgeführt worden.

Wie aber die Tabelle auf S. 23 und die Einzeldarstellung auf S. 17 ff. zeigt, fallen die vielerlei genannten Merkmale keineswegs so zusammen, daß sie sich zu Trennungen geeignet ergänzten. Vielmehr gibt es Übergänge zwischen sehr schwach und stark gekrümmten Stacheln, zwischen stark und viel weniger seitlich abgeplatteten, schlanken und breiteren und vor allem auch zwischen den fein- und vielrippigen und den stark und wenig rippigen, wie z. T. auch Taf. II zeigt. Da überdies alle Stacheln aus einem sicher geschlossenen Schichtenkomplex einer ganz beschränkten Örtlichkeit, dem Norden des Bahartje-Kessels, stammen, bleibt kaum etwas übrig, als alle Stacheln, nur mit Vorbehalt der kleinen Spitze (1912 VIII 51), einer einzigen Art zuzurechnen. Man muß eben für sie auch bei den letzterörterten Merkmalen eine sehr starke Variabilität annehmen, da ja auch keinerlei Anhalt dafür gegeben ist, daß etwa Geschlechtsunterschiede mitspielten, was an sich bei *Elasmobranchii* sehr wohl in Betracht kommen könnte.

Die sehr große Variabilität aller etwa systematisch brauchbaren Merkmale läßt die Ansicht A. SMITH-WOODWARDS (1889, p. 250), daß isolierte Flossenstacheln von *Hybodus* nicht näher bestimmbar seien, leider als sehr berechtigt erscheinen. Trotzdem muß ich versuchen, die Stellung der vorliegenden Art zu schon benannten wenigstens der Kreideformation etwas aufzuklären. Leider sind die vier Zähnchen, die ich auf S. 8 ff. als zu *Heterodonti* und vielleicht zu *Hybodontidae* gehörig beschrieben habe, so klein und so dürftig erhalten, daß ich weder ihre Zugehörigkeit zu den Stacheln mit Wahrscheinlichkeit annehmen noch selbst in diesem Falle sie bei Vergleichen ernstlich mitverwenden könnte. Ich muß mich also auf das Vergleichen der Stacheln allein beschränken.

Es werden bisher 7 kretazische *Hybodus*-Arten unterschieden, davon 5 aus der unteren und nur je eine aus der mittleren und oberen Kreide. Davon ist aber *H. sulcatus* AG. (III, p. 44, Taf. 10b, Fig. 15, 16) auf derartig schlecht erhaltene Stückchen aufgestellt, die überdies nach WOODWARD (1889, p. 275) nicht aus der oberen Kreide von Lewes (Sussex), sondern wohl aus dem Wealden stammen, daß sie zweifellos ganz unbestimmbar sind. Auch die Stachelspitze aus dem Senon von Lonzée in Belgien, auf die FORIR (1887, pp. 29—35, Taf. 2, Fig. 1a—c) *H. dewalquei* aufgestellt hat, ist zwar als geologisch jüngster Stachelrest von *Hybodus* interessant, aber natürlich nicht näher bestimmbar.

Der erstbenannte kretazische Stachel von *H. striatulus* AG. (III, p. 44, Taf. 8b, Fig. 1; WOODWARD 1916, p. 12/3, Taf. 3, Fig. 8) aus dem Wealden von Tilgate in Sussex ist leider auch nicht gut erhalten, aber jedenfalls unterscheidet er sich durch feinere Rippen, die sich gegen die Spitze zu in Höckerchen aufzulösen beginnen, und durch geringere seitliche Abplattung auch von dem einen Extrem der vorliegenden Stacheln, Taf. II, Fig. 3, sehr deutlich. *H. subcarinatus* AG. (III, p. 46, Taf. 10, Fig. 10—12 und WEBSTER 1829, p. 13, Taf. 6, Fig. 9) ist aber auf zwei, anscheinend sehr gut erhaltene und vielleicht zusammengehörige Stacheln aus dem gleichen Fundorte gegründet. WOODWARD in seiner Monographie der Fische des englischen Wealden (1916) bemerkt auffälligerweise jedoch gar nichts über sie, obwohl er sie in seinem sorgfältigen Fisch-Katalog (1889, p. 304) wenigstens erwähnt hatte. Nach den Abbildungen und Beschreibungen kann ich höchstens in ein wenig stärkerer Wölbung der Flanken und vor allem in größerer Schlankheit (Verhältnis der Gesamthöhe zum größten sagittalen Durchmesser = 11,76, bez.? 13,5) einen Unterschied von den vorliegenden Stacheln mit feiner Skulptur (Taf. II, Fig. 3a) finden, was aber in Anbetracht des verschiedenen geologischen Alters zur Artunterscheidung genügt.

Hybodus basanus EGERTON (1845, p. 197 ff.) ist auf ein Gebiß aus dem oberen Wealden der Insel Whigt aufgestellt. WOODWARD (1889, pp. 273—75) hat aber dazu nicht nur Schädelreste, sondern auch ein Stück mit dem vorderen und hinteren Stachel (1889, Taf. 12, Fig. 5; 1916, p. 9, Textfig. 5) und zwei isolierte Stacheln (1916, p. 10, Taf. 3, Fig. 6, 7) aus dem oberen Wealden von Sussex gerechnet und LERICHE (1910, p. 457/8, Taf. 6, Fig. 2, 2a) ein unbestimmbares Stachelstückchen aus dem Neokom des Pariser Beckens. Die von WOODWARD hieher gerechneten Stacheln schließen sich nun in der geringen Zahl (etwa 12) der Rippen dem einen Extrem der vorliegenden (Taf. II, Fig. 1b) an, sind alle sehr schlank und sehr wenig gekrümmt. Nur der 1916, Taf. 3, Fig. 6 abgebildete erscheint infolge von Verdrückung verbreitert und wohl deshalb im Querschnitte (Fig. 6a) sehr stark von Fig. 7a verschieden, aber er ist auch deutlich gekrümmt. Gerade der unverdrückte Stachel, dessen Querschnitt angegeben ist (1916, Fig. 7a), weicht aber durch seine Dicke sehr von allen vorliegenden ab, dazu kommt die stets große Höhe des unskulptierten Teiles (immer über $^1/_3$ der Gesamthöhe) und das wesentlich dadurch bedingte hohe Verhältnis der Höhe zum größten sagittalen Durchmesser (wohl stets über 11—12). Dies dürfte im Zusammenhalt mit dem Unterschiede des geologischen Alters auch hier für eine Artunterscheidung genügen.

Der schöne, wenn auch oben und unten unvollständige Stachel aus dem Wealden von Neustadt am Rübenberge (in Hannover), auf den DUNKER (1846, S. 67/8, Taf. 13, Fig. 34, 34a) *H. Fittoni* gegründet hat, gleicht denen von *H. basanus* in der anscheinend sehr geringen Biegung, ist aber ober dem Schlitze sagittal erheblich breiter als diese und *H. subcarinatus* AG. und die Rippenzahl der Flanken ist viel geringer (nur etwa 6—7) als bei allen bisher behandelten und den vorliegenden. Dies und die erwähnte Breite läßt auch hier keine Artvereinigung zu.

Die obere Stachelhälfte endlich aus dem mittelkretazischen eisenhaltigen Sandsteine von Kursk, auf die KIPRIJANOFF (1853, S. 331—336, Taf. 6; 1855, S. 392 ff., Taf. 2) unter genauesten Beschreibungen und Abbildungen der Form und Struktur *H. Eichwaldi* (1853, S. 336) aufgestellt hat, läßt sich wegen ihrer unvollständigen Erhaltung nicht genügend charakterisieren. Sie gleicht den deutlich rückgebogenen und gröber berippten vorliegenden (Taf. II, Fig. 2a), aber sie hat nur so wenige Rippen (12—13 jederseits) und solch abgeflachte Flanken sowie seitliche Abplattung, wie nur die extremsten der vorliegenden, sie erscheint aber auch weniger schlank und ist vor allem im Querschnitte (1855, Taf. 2, Fig. 5) über dem Schlitzende hinten kaum dicker als vorn. Wenn man also die Variabilität der Stacheln nicht als noch erheblicher annehmen will als ich durch Zusammenfassung aller vorliegenden schon getan habe, darf man auch den kaum viel älteren *H. Eichwaldi* nicht mit ihnen zu einer Art stellen.

Nach allem muß ich also mit Vorbehalt auf die vorliegenden Rückenflossenstacheln allein doch eine neue Art aufstellen, die ich zu Ehren des deutschen Botanikers ASCHERSON, der 1876 den Baharîje-Kessel durchforscht hat, *Hybodus Aschersoni* nenne.

C. Wirbelkörper.

Vereinzelte Wirbelkörper von *Plagiostomi* fanden sich in der Baharîje-Stufe häufig. Ich selbst habe solche nicht nur am Fundorte A und besonders B, sondern auch an verschiedenen Stellen des Süd- und Osthanges des Gebel Mandische in sandigen oder fein brecciösen Schichten gesammelt (STROMER 1914, S. 30/1), weiterhin ein halbes Dutzend etwas abgerollte am Nordhange des Gebel Hefhuf (a. a. O., S. 31) und einen auch in der an Fischresten reichen Breccie d hoch oben am G. el Dist (a. a. O., S. 25). MARKGRAF aber sammelte einige am Südhange des G. Maisara (a. a. O., S. 29) und vor allem zahlreiche, z. T. winzige in der an Fischresten reichsten Schicht n am Sockel des G. el Dist und G. Maghrafe. Nur 500 m westlich des letzteren fand er 56 sicher zusammengehörende Wirbel und nur einmal bestimmt zu anderen Resten, einer *Onchopristis*-Säge gehörige, welch letztere ich schon genau beschrieben habe (1925, S. 18—20, Taf. I, Fig. 6—8).

Eine Bestimmung der vereinzelten Wirbel ist nun leider kaum möglich, da HASSES großes Werk (1879—82) keine genügende Grundlage ist. Denn die von ihm bei rezenten Gattungen mitverwerteten fossilen Wirbel sind wenigstens z. T. aus ungenügenden Gründen diesen zugerechnet, z. T. sogar sicher irrig bestimmt, die für die Bestimmung wichtigen Merkmale sind meist nicht genug klargestellt und JAEKEL (1890a, S. 110/1 und 1894, S. 50—57) hat überdies das ganze Einteilungsprinzip HASSES nicht unwesentlich geändert und auch GOODRICH (1909, p. 135) es bestritten. Eine Nachprüfung ist mir nicht möglich, weil eine ganze Anzahl der Originale HASSES weder hier noch in dessen einstigem anatomischen Institut der Universität Breslau gefunden werden konnte, und eine Neubearbeitung nicht, weil es mir hier an auch nur einigermaßen genügendem rezenten und fossilen Materiale gebricht. Eine solche auf Grund genauer Studien bei rezenten Formen mit ausgiebigster Mitverwertung systematisch gesicherten, fossilen Materiales würde sich übrigens lohnen. Jetzt kann ich jedoch nur einige Bemerkungen über die mir vorliegenden Wirbel machen.

Asterospondyle Wirbelkörper.
? *Lamnidae.*

Asterospondyle Wirbel liegen kaum ein Dutzend vor und zwar nur aus der Schicht n und einer aus der Schicht d am G. el Dist, die ja beide an Fischresten reich sind. Bloß der letztere (1911 XII 13) gehörte einem großen Tiere an. Seine Maße sind nämlich: Länge 13, Höhe 24 und Breite 28 mm. Er ist also deutlich breiter als hoch und 1,7 mal höher als lang, demnach kurz. Seine Ränder sind scharf, nicht wulstig, der Ambitus ziemlich eben und von acht etwas ungleichen Lücken entsprechend 8 Strahlen der Mittelschicht unterbrochen.[1])

Ein Wirbel aus dem Nordfuße des G. Maghrafe (1922 X 16c) unterscheidet sich stark von diesem durch seine erheblich geringere Größe und seine Kürze (Länge 5, Höhe 15, Breite 13 mm) sowie durch seine zahlreichen Strahlen; alle übrigen sind sehr klein bis winzig, allermeist nicht sehr kurz und lassen am Ambitus nur vier Gruben erkennen.

All das stimmt vollkommen damit überein, daß Haifische, die asterospondyle Wirbel besitzen und durch Zähne vertreten sind, *Lamnidae*, bis auf *Corax* sehr selten und klein und überhaupt nur in denselben zwei Schichten mehrfach nachgewiesen sind. Da sicher zu *Corax* gehörige Wirbel ungenügend erhalten und beschrieben sind (WOODWARD 1912, S. 197), lassen sich leider nicht einmal Vergleiche anstellen.

Tektospondyle Wirbelkörper.

Onchopristis numidus (HAUG).

Textfig. 1—5.

Die 56 Wirbelkörper der Reihe 1912 VIII 52 haben alle scharfe, nicht wulstige Ränder, einen nur sehr wenig von vorn nach hinten konkaven Ambitus und einen sehr wenig bis etwas ovalen Umriß und sind 2—2^1/$_2$ mal höher als lang, also nie lang oder sehr kurz und stark verkalkt. Ihre Endscheiben besitzen sehr deutliche Anwachslinien; eine zentrale Durchbohrung ist nicht vorhanden.

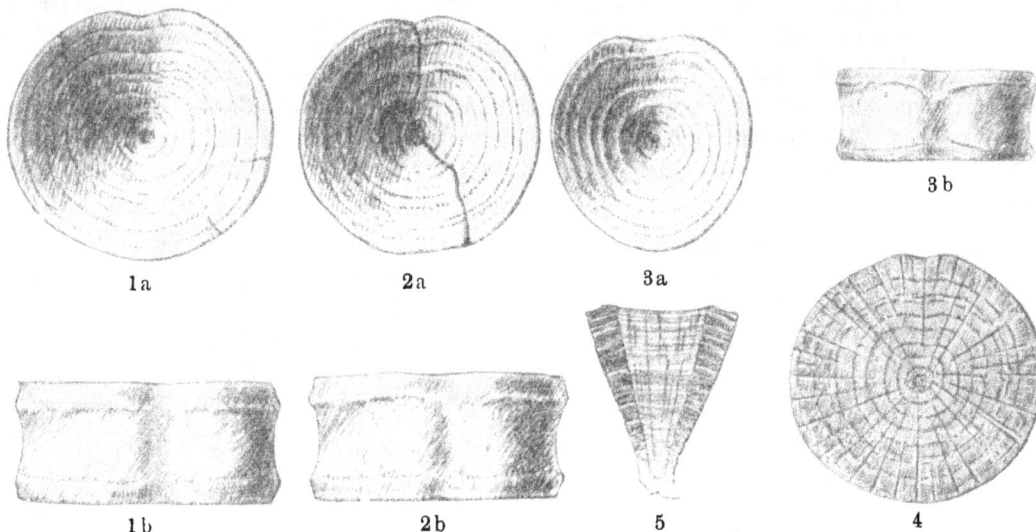

Textfig. 1—5. Wirbelkörper (Nr. 1912 VIII 52) zusammen 500 m westlich des Gebel Maghrafe gefunden, zu *Onchopristis numidus* (HAUG) gehörig. Fig. 1a, b großer Rumpfwirbel von vorn und oben; Fig. 2a, b kleinerer Rumpfwirbel von vorn und oben; Fig. 3a, b vorderer Schwanzwirbel von vorn und oben; Fig. 4 mittlerer Querschliff durch einen großen Rumpfwirbel, etwas schematisiert; Fig. 5 mittlerer Längsschliff durch die Hälfte eines vorderen Schwanzwirbels in doppelter Größe.

---

[1]) Für die Beschreibung der Teile fossiler Wirbelkörper von *Plagiostomi* gebrauche statt der hiefür unpraktischen Bezeichnungen HASSES die von mir (1925, S. 16, Anm. 1) vorgeschlagenen.

Die größeren Rumpfwirbel, etwa die Hälfte aller, Textfig. 1a, b, 2a, b und 4, deren größter Durchmesser 36 mm beträgt, sind sämtlich etwa zweimal so hoch als lang. Die längsten sind 16,5 mm lang, nicht ganz zweimal so hoch (30—31,5 mm) und kaum breiter als hoch (31—31,5). Die allermeisten sind aber ein wenig kürzer (etwa 15,5 mm lang) und ein wenig über zweimal so hoch (32—33) und etwas breiter als hoch (35—36). Alle besitzen auf dem Ambitus, wahrscheinlich dorsal, eine mediane Längsfurche, die meist sehr deutlich ist und nach vorn und hinten zu verflacht.

Bei den weiteren Wirbeln ist diese Furche kaum oder nicht vorhanden, so daß sie nur schwer richtig zu orientieren sind. Das Verhältnis der Länge zur Höhe ist bei ihnen stets etwas über 2 und die Höhe ein wenig größer als die Breite. Etwa ein halbes Dutzend davon ist nur sehr wenig kleiner als die größten, nämlich 14—13 mm lang, 34—31 hoch und 32—30 breit. Der Rest von etwa 20 Wirbeln wird endlich deutlich kleiner, 11—10 mm lang, 30,5—26 hoch und 29—20 breit. Diese Wirbelkörper, Textfig. 3a, b und 5, sind alle ein wenig über 2,5 mal so hoch als lang, also verhältnismäßig kurz und etwas höher als breit. Kleinere Wirbel als 10 mm lange, 26 hohe und 20 breite, also solche des Schwanzendes, fehlen leider.

Im medianen Querschnitte eines großen (Textfig. 4) und kleinen Wirbelkörpers sieht man die vollständige, tektospondyle Verkalkung des Mittelteiles. Dessen Schichtung ist ziemlich gleichmäßig, die Anwachsstreifen sind ungefähr kreisförmig, d. h. sehr wenig oval, aber an dem größeren Wirbel entsprechend dessen Längsfurche etwas konkav eingebuchtet. Nach allen Seiten hin durchsetzen in ziemlich gleichmäßiger Verteilung sehr feine, radiäre Kanäle diese Schichten des Mittelteiles. Auf einem Längsschnitte des kleinen Wirbels, Textfig. 5, sieht man sehr gut die von der Wirbelmitte gegen die Peripherie zu allmählich zunehmende Dicke der dicht verkalkten Endscheiben, die ganz schwache Konkavität des Ambitus und feine radiäre Kanäle des Mittelteiles. Die Anwachsstreifen verlaufen hier ganz regelmäßig der Oberfläche des Ambitus entsprechend. Auch in zwei Längsdünnschliffen dieses kleinen Wirbels sind die Anwachsstreifen sowohl in dem Mittelteil wie in den Endscheiben deutlich, die Hohlräume der Knorpelzellen sind im allgemeinen rundlich, aber in den Endscheiben ein wenig den Anwachslinien entsprechend abgeplattet. Der Verlauf der Radialkanäle ist im wesentlichen geradlinig; ihre Wände sind unregelmäßig, ihr Lumen bleibt sich aber ziemlich gleich.

Ein großer Teil der vereinzelt gefundenen Wirbelkörper gehört sicher oder doch sehr wahrscheinlich zu derselben Art wie diese Wirbelreihe, vor allem Wirbel von den Fundorten A und B am G. Mandische.

Bei den zweifellosen, von mir beschriebenen *Onchopristis*-Wirbeln (1925, S. 16/7, Taf. I, Fig. 6—8) sind die Rumpfwirbel größer, aber ebenfalls etwa zweimal so hoch als lang und die vorderen Schwanzwirbel hochoval und nicht ganz 2,5 mal so hoch als lang. Die Struktur ist dieselbe. Die von mir dort gefundene Wölbung des Ambitus der Rumpfwirbel und der merkwürdige Verlauf der Anwachslinien ist wohl nur eine Folge des Erhaltungszustandes und bei diesem ist auch nicht verwunderlich, daß die Längsfurche der Rumpfwirbel nicht zu beobachten war. Es besteht also kein Grund, an der Zurechnung der eben beschriebenen Wirbel zu der an denselben Fundstätten so häufigen Art zu zweifeln.

Platyspondylus Foureaui (HAUG).

Textfig. 6 und 7a, b.

Einige wenige, vereinzelte Wirbelkörper, am Gebel Mandische von mir gefunden, lassen sich mit ziemlicher Sicherheit zu der Gattung und Art rechnen, die auch nur auf Wirbel aus gleichalterigen Schichten von Djoua im Süden von Tunis aufgestellt worden ist. Der halbierte Wirbel 1911 XII 17b vom Fundorte A gleicht nämlich völlig dem von HAUG (1905) auf Taf. 16, Fig. 8 abgebildeten und der kleinere 1911 XII 16 dem in Fig. 7a, b abgebildeten.

Die *Platyspondylus*-Wirbel unterscheiden sich, wie ich (1925, S. 19, 20) schon erwähnt habe, von denen des *Onchopristis numidus* durch ihren stets ziemlich kreisförmigen, nie breit- oder hochovalen Umriß, verhältnismäßig kürzere Rumpfwirbel und ein wenig längere Schwanzwirbel sowie dadurch, daß die Schwanzwirbel umgekehrt wie bei *Onchopristis* verhältnismäßig länger als die Rumpfwirbel sind. Allerdings ist ausdrücklich zu bemerken, daß nicht sichergestellt ist, ob die von HAUG hieher gerechneten Wirbel wirklich zusammengehören. Mit den *Onchopristis*-Wirbeln haben sie zwar nicht nur die Struktur gemeinsam, sondern auch die dorsale Längsfurche der Rumpfwirbel, wie HAUGS Figur 6b und auch 10, in welch letzterer allerdings oben und unten verwechselt ist, beweisen. Trotzdem genügen obige starke Unterschiede in den Proportionen für die generische Trennung.

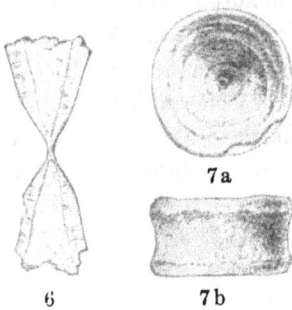

Textfig. 6. Medianer Längsschnitt durch einen halben Lendenwirbel von *Platyspondylus Foureaui* HAUG (Nr. 1911 XII 17b) vom Fundorte A des Gebel Mandische. Textfig. 7. Vorderer Schwanzwirbel (Nr. 1911 XII 16) aus einer roten Schicht 1,5 m unter dem Basalt nahe dem Südosteck des Gebel Mandische, zu *Platyspondylus Foureaui* HAUG gehörig, Fig. 7a von vorn, 7b von oben.

Meine seit 1917 bis jetzt fortgesetzten Bemühungen, zum Vergleiche mit den Wirbeln von *Onchopristis* und *Platyspondylus* und zur Behebung der Unklarheiten und Widersprüche über die Wirbel von *Pristis* (STROMER 1917, S. 13, 1925, S. 18/19) gutverkalkte Wirbel eines erwachsenen, rezenten *Pristis* zu erhalten, haben leider trotz des eingangs erwähnten, großen Entgegenkommens des American Museum of natural History zu keinem Erfolge geführt. Denn die in den Sammlungen vorhandenen Spiritus-Exemplare großer Fische, so auch von *Pristis*, der 6—9 m lang wird, sind aus leicht begreiflichen, praktischen Gründen stets kleine, ganz jugendliche Tiere. Haifischskelette sind leider nur allzu wenige in den Sammlungen vorhanden, sondern meist nur größere, ausgestopfte Exemplare. Zum Erwerbe aber von Skeletten großer *Plagiostomi* fehlen hier die Mittel.

Unbestimmbare Wirbelkörper.

Eine Anzahl der vereinzelt gefundenen tektospondylen Wirbelkörper wage ich aus den oben (S. 26) erwähnten Gründen nicht, bei einer der zwei besprochenen Arten oder bei einer anderen einzureihen, vor allem ganz kleine.

Die Unterschiede ihrer Formen und Proportionen von den beschriebenen sind aber gering. Z. B. sind vier, ganz wenig hochovale Körper (1912 VIII 53) vom Osthange des Gebel Mandische verhältnismäßig lang, nämlich 11 mm lang, 18 hoch bis 6 lang, 12 hoch, also nur 1,6—2 mal höher als lang. Auch unter den kleinsten, fast nur in Schicht n am Gebel el Dist gefundenen Wirbeln (1912 VIII 56) sind solche, verhältnismäßig lange nicht selten. Bemerkenswert unter diesen sind etwa ein Dutzend, bei welchen die Länge oben und unten stark verschieden ist, z. B. 2, bezüglich 3 mm lang, 4,5 hoch und 5 breit. Wahrscheinlich sind es solche aus der heterocerken Schwanzflosse, wo infolge der Aufbiegung der Wirbelsäule die Länge der Wirbelkörper oben geringer als unten sein dürfte.

―――――――

Ergebnisse.

Die im Vorhergehenden beschriebenen Reste von *Plagiostomi*, zu welchen noch die früher (1917 und 1925) von mir bearbeiteten *Onchopristis*-Reste gehören, sind schon in ihrem Vorkommen und in ihrer relativen Häufigkeit interessant. In vielen, im Wasser abgelagerten Schichtsystemen nämlich sind Fischreste nicht oder kaum zu finden außer in ganz geringmächtigen, feingeschichteten Zwischenlagen oder fein brecciösen Bonebeds, in welchen sie dann sehr oft außerordentlich häufig sind. In der Baharije-Stufe aber sind sie zwar auch in sandigen oder brecciösen Schichten am G. Mandische (Fundort A und B), und in der brecciösen Schicht d und besonders in der sehr feinsandigen n des G. el Dist und Maghrafe sehr häufig, jedoch auch in anderen nicht selten oder doch vereinzelt gefunden, besonders Sägezähne von *Onchopristis* und tektospondyle Wirbel.

Es ist das ein Beweis, daß all diese Schichten in Wasser abgelagert sind und, da *Plagiostomi* doch wesentlich Meeresbewohner sind und waren, wenigstens für die genannten, die reich an deren Resten sind, auch ein Beweis für deren marine Entstehung. Weil aber einige *Plagiostomi* auch im Süßwasser leben und zwar besonders in warmen Gegenden (ENGELHARDT 1913, S. 83/4) und es sich hier um fluviomarine Schichten einer Flachküste in warmem Klima handelt (STROMER 1914, S. 43—45), mögen manche damals weit in Flußmündungen hinaufgestiegen oder sogar in Flüssen heimisch gewesen sein wie gerade *Onchopristis* nach Analogie mancher rezenter *Pristis*-Arten. Wo Reste von *Plagiostomi* nur selten und von ganz wenigen Arten gefunden sind, erscheint demnach die marine Natur der betreffenden Schichten nicht erwiesen. Jedenfalls bietet das Vorkommen spezifisch nicht unterscheidbarer Formen, so besonders von *Onchopristis numidus* und *Hybodus Aschersoni*, an zahlreichen Fundstellen und in den tiefsten bis zu den höchsten Schichten einen Beweis für die Einheit des ganzen Schichtsystems.

Die relative Häufigkeit der Funde ist ein sehr instruktives Beispiel für die Umstände und auch Zufälligkeiten, von welchen der Paläontologe abhängig ist. Die Flossenstacheln und Zähne und auch stark verkalkte Wirbel der *Plagiostomi* sind ja sehr gut erhaltungsfähig, und es ist, wie eben erwähnt, auch erwiesen, daß sie in einer ganzen Anzahl von Fundorten und Schichten der Baharîje-Stufe tatsächlich gut erhalten sind, in Schicht n sogar winzige Reste. Reine Fundzufälle sollte man nun als fast ausgeschlossen erachten, denn schon ich habe bei meinem allerdings sehr kurzen Suchen auch winzige Reste gefunden und mein Sammler MARKGRAF dann in mehrmonatlicher Tätigkeit bei drei Ausgrabungs- und Sammelreisen von 1912 bis 1914 hunderte von winzigen, 1—3 mm großen Zähnchen von Fischen. Trotzdem harmoniert nur die große Seltenheit von *Lamniden*-Zähnen und -Wirbeln (außer *Corax*) und die Häufigkeit der Zähne von tektospondylen Gattungen und von entsprechenden Wirbelkörpern, speziell von *Onchopristis*-Sägezähnen und -Wirbeln einigermaßen, sonst aber bestehen auffällige Widersprüche. Allerdings darf man gerade bei *Plagiostomi* nicht aus der Häufigkeit der einzelnen Reste auf die der Tiere selbst schließen, denn ein Individuum hat meistens Dutzende von Zähnen oder Sägezähnen sowie 100 bis 150 Wirbel, die alle nach dem Tode zerstreut eingebettet werden können; ja bei dem ständigen Zahnwechsel ist es möglich, daß von einem lebenden Tiere öfters Zähne an verschiedenen Stellen überliefert werden.

Darnach gemessen ist also selbst von *Corax baharijensis* und *Squatina aegyptiaca* nicht sicher bezeugt, daß sie wirklich häufig waren, sondern nur von *Onchopristis numidus*, wohl auch von cfr. *Rhinoptera* und vor allem von den *Hybodontidae*, da bei ihnen jedes Tier nur zwei Flossenstacheln hatte. Alle anderen Formen sind als sehr selten anzusehen. Es ist nun höchst auffällig, daß gerade zu den Flossenstacheln der *Hybodontidae*, die so häufig sind, kaum zugehörige Zähne vorliegen, noch dazu, wo es sich um sehr stattliche Formen handelt. Da man kaum annehmen darf, daß ihr Gebiß reduziert war, muß man trotz der erwähnten günstigen Bedingungen den Zufall der Erhaltung und noch mehr des Findens als Grund dieser Wissenslücke ansehen, ein Beweis, wie vorsichtig der Paläontologe mit Schlüssen selbst aus systematisch angestellten Aufsammlungen sein muß.

Mit dem Umstande, daß es sich um Ablagerungen ganz seichten, z. T. süßen und brackischen, z. T. doch vielleicht nicht normal salzhaltigen Meerwassers handelt, also mit der Facies, dürfte zusammenhängen, daß keine Reste von *Holocephali* vorliegen, denn diese sind wenigstens jetzt typische Stillwasserbewohner (ENGELHARDT 1913, S. 50), und daß die sonst in kretazischen Ablagerungen so häufigen *Lamnidae* so selten sind und *Notidanidae* sogar fehlen, denn sie sind wenigstens gegenwärtig Hochseeschwimmer (a.a.O., S. 39, 40, 45). Andererseits führt ENGELHARDT in seiner vorzüglichen Arbeit (1913, S. 15) *Cestracion*, dem die *Hybodontidae* in der Körperform und im Gebiß so ähnlich sind, geradezu als Typ eines dem litoralen Benthos angehörigen Fisches an, ebenso *Squatina* und *Trygon* (a. a. O., S. 24, 28) und macht für *Pristis* und *Myliobatinae* ein wenigstens teilweises benthonisches Leben ziemlich wahrscheinlich (a. a. O., S. 34, 47/8). Es sind uns also in der Baharîje-Stufe wesentlich benthonische Seichtwasserbewohner, wahrscheinlich auch Süßwasserbewohner überliefert.

Jedenfalls darf man deshalb diese *Plagiostomen*-Fauna nicht einfach mit irgend einer marinen der Kreidezeit in Vergleich setzen und muß das Vorhandensein örtlicher Arten oder doch Unterarten annehmen, wie es für heutige Küstenfaunen ENGELHARDT erwiesen hat. Damit hängt sicher zusammen, daß ich verhältnismäßig so viele neue Arten (und auch Gattungen?) aufstellen mußte und daß Altersvergleiche auf Grund der *Plagiostomi* schwer sind.

Die wenigen *Lamnidae* sind übrigens deshalb von Interesse, als sie meine Ansicht (1914, S. 42) bestätigen dürften, daß die Baharîje-Stufe in Bezug auf Alter und Facies der Bellas-Stufe Portugals entspricht. Denn die von Sauvage (1897/8, p. 11) von dieser angeführten, aber leider nicht abgebildeten *Lamniden*-Zähne scheinen denselben Arten anzugehören wie die mir vorliegenden. Daß in dem noch näher stehenden Djoua (Stromer 1914, S. 41) *Lamnidae* auch nicht fehlen, beweist ein von Haug (1905, p. 815/6) beschriebener *Otodus*-Wirbel, dessen Proportionen leider nicht angegeben sind.

Sonst aber weisen die *Lamnidae* mehr auf obere als untere Kreide hin, vor allem *Corax*, über den ich ja schon auf S. 6 das Nötige ausgeführt habe. Irgend eine Annäherung der Form der ältesten *Corax*-Zähne an die einer geologisch älteren Gattung kann ich übrigens nicht finden. Auch über *Squatina* ist dem bei der Einzelbeschreibung (S. 8) Ausgeführten nichts mehr zuzusetzen.

Dagegen ist von den *Heterodonti*, die allerdings durch Zähnchen nur allzu dürftig, durch Flossenstacheln aber ungewöhnlich reichlich vertreten sind, doch noch einiges zu sagen. Diese Stacheln von *Hybodontidae*, von welchen in der Bellas-Stufe und in Djoua nichts gefunden worden ist, sind für die Baharîje-Stufe geradezu bezeichnende Fossilien. Dies ist um so bemerkenswerter, als sie mehr auf die ältere Kreide und den Jura als auf die obere Kreide hinweisen, denn *Asteracanthus aegyptiacus* ist der jüngste, einigermaßen gut bekannte Vertreter seiner Gattung und *Hybodus Aschersoni* wenigstens einer der jüngeren. Die von C. Brown (1900, S. 169) ausgesprochene Ansicht, daß *Hybodus* nur bis in die untere Kreide vorkomme, ist ja irrig. Jedenfalls ist nun erwiesen, daß er noch zur Zeit der mittleren Kreide wenigstens örtlich und in nicht rein mariner Facies sehr häufig war. Auch im englischen Wealden sind ja *Hybodus*-Reste nicht sehr selten (Woodward 1916). Ob man dies als einen Fall ansehen darf, daß die letzten Angehörigen der aussterbenden Gattung sich fast nur in brackischem oder sogar süßem Wasser halten konnten, muß ich aber bezweifeln, da, wenn auch viel seltener, doch auch in rein marinen Schichten der mittleren und oberen Kreide Reste dieser *Hybodontidae* gefunden worden sind. Anzeichen besonders hoher Spezialisation kann ich übrigens an den allerdings unvollkommenen Resten nicht nachweisen, ebensowenig auch solche von Degeneration. Über die Flossenstacheln und deren Struktur wird in einem Anhange dieser Abhandlung noch vergleichend geschrieben.

Was die wahrscheinlichen *Pristidae* anlangt, so erhöht der Nachweis von *Platyspondylus Foureaui* neben *Onchopristis numidus* natürlich noch die enge Beziehung der Baharîje-Fauna mit der von Djoua (Stromer 1914, S. 41/2). Leider kann ich aber keinen Aufschluß darüber geben, welche erhaltungsfähigen Gebilde mit den *Platyspondylus*-Wirbeln zusammengehören; diese liegen mir ja nur in ganz wenigen, vereinzelten Exemplaren vor. Dagegen wird die Bedeutung von *Onchopristis numidus* als Leitfossil der Baharîje-Stufe durch den Nachweis der Zugehörigkeit nicht seltener Hautstacheln und Wirbelkörper noch erhöht und die von mir gegebene Diagnose (1925, S. 17/18) ein wenig erweitert und geändert.

Es kommen nämlich die Stachelschuppen dazu: etwas konische, massive Sockel aus wirrem Trabekulardentin von wechselndem Umrisse mit radialer Rippung, in oder vor deren Mitte eine scharfe, schlanke, meist rückgeneigte Spitze von kreisförmigem Querschnitte sich erhebt, die aus Orthopulpadentin und glattem Schmelze besteht. Die Wirbelkörper sind im Rumpfe ein wenig unter bis etwas über zweimal so hoch als lang und so breit bis ein wenig breiter als hoch und besitzen eine dorsale Längsfurche. Im Schwanze sind sie etwas kürzer, über zwei bis ein wenig über 2,5 mal so hoch als lang und höher als breit, also hoch-oval. Alle haben scharfe, nicht wulstige Ränder und einen sehr wenig längskonkaven Ambitus und sind undurchbohrt. Sie sind tektospondyl stark verkalkt, mit feiner, konzentrischer Schichtung und vielen, gleichmäßig radiären, ziemlich geraden Kanälen von gleichartigem engem Lumen. Im Schwanze sind auch die Bögen und Dornfortsätze verkalkt. Das einzige, noch dazu unvollständige Zähnchen, das ich mit Vorbehalt hieher gerechnet habe (S. 10), möchte ich nicht in die Diagnose mit aufnehmen, die nur Gesichertes enthalten soll.

Von Interesse sind die *Myliobatiden*-Zähne, zu welchen vielleicht ein Teil der tektospondylen Wirbelkörper gehört, während Schwanzstacheln nicht vorliegen, obwohl die eine Art cfr. *Rhinoptera* in zahlreichen Zähnchen vertreten ist (S. 11 ff., Taf. I, Fig. 6—17)[1]. Diese bezeugen, daß primitive Zahnformen von *Myliobatidae*, wie sie *Rhinoptera* besitzt, schon zur mittleren Kreidezeit vorhanden waren, aber keineswegs, daß die Gattung selbst schon vor dem Senon, in welchem sie WOODWARD (1907, p. 195/6) nachgewiesen hat, vorkam, denn die Kronenstruktur ist nicht so regelmäßig wie bei dieser Gattung und es sind keine Wurzelleisten nachgewiesen. Das Fehlen einer Wurzelteilung unterscheidet auch den sechseckigen, größeren Zahn (Taf. I, Fig. 5) von *Hypolophites*.

Nach allem nun, was wir über die Wurzeln von *Plagiostomen*-Zähnen wissen, dürfte ein einheitlicher Sockel ein primitives Merkmal sein. Bei manchen Formen findet sich dann eine Querfurche, so bei den oberkretazischen *Rhombodus Binkhorsti* DAMES (1881, Textfig. 1; JAEKEL 1894, S. 126, Textfig. 23) aus der Maastrichter Tuffkreide und *Myledaphus bipartitus* COPE (1876, p. 260; OSBORN 1902, p. 28, Taf. 19, Fig. 1, 2; HUSSAKOFF 1908, p. 32, Textfig. 7) aus der Laramie-Stufe Nordamerikas, bei den paleocänen *Hypolophites myliobatoides* STROMER (1910, S. 490—494, Textfig. 4) und *mayombensis* LERICHE (1913, p. 71—73, Taf. 8) aus Westafrika und bei dem rezenten *Hypolophus sephen* (FORSKAL) (RÜPPEL 1835, Taf. 19, Fig. 5; JAEKEL 1894, S. 122—125, Textfig. 22) aus dem Roten Meere. Es ist sehr gut möglich, daß diese Formen eine Familie der *Hypolophidae* bilden, deren Vorläufer durch den von mir (S. 13) beschriebenen Zahn vertreten ist und bei der Übergänge von einfachen Wurzelsockeln zu zweihörnigen Wurzeln vorhanden sind. So lange aber sämtliche kretazische Formen nur in einzeln gefundenen Pflasterzähnen bekannt sind, läßt sich diese Annahme nicht erweisen.

Wahrscheinlich getrennt davon haben sich ebenfalls aus Pflasterzähnen mit einfachen Sockelwurzeln solche entwickelt, bei welchen mehr oder minder zahlreiche, parallele Querfurchen die Wurzel schließlich in solch schmale, parallele Leisten zerteilen, wie sie für die *Myliobatinae* bezeichnend sind. Auch hiefür könnten die von mir (S. 11 ff.) beschriebenen Pflasterzähne den Ausgangspunkt und *Apocopodon sericeus* COPE (1876, p. 2; WOODWARD 1907, p. 194/5, Taf. 7, Fig. 4, 5) aus dem Senon Brasiliens den Übergang bilden. Aber auch hier steht aus denselben Gründen wie bei der anderen Reihe der Beweis für diese Annahme noch aus, und außerdem werden *Myliobatis*-Zähne aus dem Gault und Cenoman Frankreichs (LERICHE 1902, p. 101; PRIEM 1908, p. 41) und aus dem Senon Schwedens (DAVIS

---

[1] Schwanzstacheln, die zu *Myliobatidae* gehören könnten, erwähnt JAEKEL (1894, S. 127) aus der Maastrichter Kreide. Was MARIANI (1903) für wahrscheinliche Stacheln von *Ptychodus* hielt, sind nur Flossenstrahlen eines *Teleostiers*.

1890, p. 374) und Ägyptens (WANNER 1902, S. 151) wenigstens erwähnt. Den letztgenannten Zahn in der hiesigen Sammlung kann ich nach fertiggestellter Präparation etwas genauer beschreiben. Er ist leider an einem Ende unvollständig und hat im wesentlichen die Form eines sehr gestreckten und schmalen, geraden Medianzahnes von *Myliobatis* mit vielen Wurzelleisten (Länge über 27, Dicke 3,5 mm), besitzt aber auf dem Hinterrande der Oberseite seiner niedrigen Krone eine Längsleiste, was bei *Myliobatis* kaum vorkommt. Jedenfalls ist damit das Vorkommen eines in der sehr starken Zahnstreckung schon hoch spezialisierten *Myliobatiden* in der obersten Kreide bezeugt, was damit übereinstimmt, daß *Rhinoptera*, wie oben erwähnt, im Senon und daß *Myliobatis* im Paleocän (z. B. LERICHE 1913, p. 75—77, Taf. 8, Fig. 2) des tropischen atlantischen Ozeans nachgewiesen sind. Leistenförmige Zahnwurzeln kommen also sicher schon in der oberen, vielleicht sogar in der mittleren Kreide vor, ihre Herausbildung muß demnach früher erfolgt sein.

Der auf die obere Kreide beschränkte *Ptychodus* scheint mir all diesen Formen ferner zu stehen und *Hylaeobatis* WOODWARD (1916, p. 19) aus dem Wealden eher in die Nähe von *Strophodus* (= *Asteracanthus*) zu gehören. Nun glaubte aber JAEKEL (1894, S. 137) gerade die *Myliobatidae* (und *Trygonidae*) von den *Hybodontidae* ableiten zu können. Es läge deshalb der Gedanke nahe, anzunehmen, daß die von mir hier unter cfr. *Rhinoptera* und cfr. *Hypolophites* beschriebenen Pflasterzähne zu den Flossenstacheln von *Asteracanthus aegyptiacus* und *Hybodus Aschersoni* gehören, zu welchen ja, wie oben (S. 31) erwähnt, auffälligerweise fast keine typisch zugehörigen Zähne in der Baharîje-Stufe gefunden worden sind. In diesem Falle würden hier im Gebisse Übergangsformen vorliegen.

Aus den Beschreibungen der Rückenflossenstacheln und aus deren Vergleich mit Schwanzstacheln der *Myliobatiden* und *Trygoniden*, der im Anhange erfolgt, geht aber hervor, daß erstere typische Flossenstacheln von *Hybodontidae* sind und gar nichts mit diesen Schwanzstacheln zu tun haben; sie zeigen auch keine Rückbildungserscheinungen gegenüber den Flossenstacheln von *Hybodontidae* aus dem mittleren und älteren Mesozoikum. Wir haben jedenfalls keinen Anhalt dafür, daß der Körperbau der mittelkretazischen *Hybodontidae* wesentlich von dem der liassischen (KOKEN 1907), oberstjurassischen (BROWN 1900) und unterkretazischen (WOODWARD 1916, p. 5 ff.) abweicht, die doch, z. B. im Bau des Schädels und der Brustflossen, sehr stark von den *Myliobatiden* und *Trygoniden* verschieden sind.

Die Frage nach den Vorläufern dieser beiden Familien ist eben noch nicht spruchreif, weil man zu wenig über die in Betracht kommenden Formen der Kreidezeit weiß. Deshalb ist auch über die von mir unter cfr. *Trygon* und *Ptychotrygon* (S. 14/15) besprochenen Zähnchen nichts weiter zu bemerken.

Anhang:

Über käno- und mesozoische Rückenflossenstacheln von Elasmobranchii.

Meine Befunde über die Struktur der Flossenstacheln von *Asteracanthus* und *Hybodus* verlohnen eine erweiterte Betrachtung. Denn AGASSIZ (III, pp. 212—215, Taf. A) hat zwar die feine Struktur der Flossenstacheln von *Elasmobranchii* schon etwas untersucht und es liegen genaue Darstellungen von KIPRIJANOFF (1855) über die von *Hybodus* und von mehreren Zoologen über die von *Spinacidae* vor, aber es sind noch Unklarheiten und Widersprüche vorhanden und vor allem sind die Strukturen noch nicht genauer vergleichend behandelt worden. Um meine Untersuchung auf eine breitere Basis zu stellen, habe ich nun nicht nur eine ganze Anzahl von wagrechten und senkrechten Dünnschliffen des mir vorliegenden Materials von *Asteracanthus* und *Hybodus* gemacht, sondern auch wagrechte durch Flossenstacheln der rezenten Gattungen *Cestracion* und *Chimaera*, der oberjurassischen *Paracestracion* und *Ischyodus* und der obersttriassischen *Nemacanthus* sowie eines Schwanzstachels eines jungtertiären *Myliobatiden* und selbstverständlich die Literaturangaben mitverwertet. Die palaeozischen Flossenstacheln aber habe ich fast nur nach der Literatur zum Vergleiche herangezogen, da mir hievon nicht genug Material zu Dünnschliffen vorliegt.

Am besten wird wohl von den Flossenstacheln der *Spinacidae* ausgegangen, da hier die Struktur und Ontogenie rezenter Formen mehrfach genau untersucht worden ist (BENDA 1882, S. 258 ff.; MARKERT 1895; RITTER 1900, S. 28 ff.; KOPPEN 1901, S. 27 ff.), allerdings ohne daß die früheren Untersuchungen der Strukturen anderer Stacheln berücksichtigt worden wären, was zu ganz irrigen Theorien geführt hat.

Nach diesen sich ergänzenden, z. T. aber sich auch widersprechenden Beschreibungen und genauen Abbildungen (MARKERT 1895, Taf. 46, Taf. 47, Fig. 10—12; RITTER 1900, Taf. 4, Fig. 13, 14, Taf. 5, Fig. 19) ist der Stachel des *Acanthias vulgaris* (Textfig. 8) wesentlich von Pulpadentin aufgebaut, denn die Wurzel und an der Krone die Hauptmasse besteht aus ihm. RITTER (1900 S. 31) bestreitet allerdings, daß eine echte Pulpahöhle vorliegt. Es ist aber um die rundliche bis ovale Zentralhöhle, die einen Knorpelstab enthält, deutlich konzentrisch geschichtet und von radiären, zentrifugalen Dentinbäumchen in etwas geschlängeltem Verlaufe durchzogen, die von ihr ausgehen und sich sehr spitzwinkelig, in den feinsten Enden aber weniger spitz verzweigen. Abgesehen von der Mitte der Rückwand ist an der Krone um dieses dendroide Pulpadentin eine dünne, einzige Schicht von regelmäßigem Trabekulardentin im Sinne RÖSES (1898) vorhanden. Sie enthält senkrecht aufsteigende Pulpakanäle, welche allerdings vielfach durch ziemlich wagrechte, der Oberfläche parallele verbunden sind, und von welchen je ein senkrechter Kanal in jeder hinteren Kante besonders weit ist (Randkanal). Um sie ist das Dentin konzentrisch geschichtet und von ihnen strahlen Dentinbäumchen besonders zentrifugal und zentripetal aus, die sich wie die vorerwähnten verästeln. Die ganz kurzen zentrifugalen reichen in eine pigmentierte Zone unter dem Schmelz, der sich als richtiger Plakoinschmelz, wie ihn die *Elasmobranchier* haben, dadurch erweist, daß offenbar die feinsten Ausläufer dieser Dentinbäumchen massenhaft in ihn eindringen. Die feineren Äste der etwas längeren zentripetalen Dentinbäumchen aber liegen in den Dentinschichten, die konzentrisch um die Zentralhöhle des Stachels angeordnet sind, und sind von den äußersten Ästchen der zentrifugalen nur durch eine ganz schmale Zone getrennt, die im wagrechten Schnitte granuliert erscheint, da hier viele Längsfasern und senkrecht aufsteigende Dentinröhrchen quer getroffen sind. Das konzentrisch um die Zentralhöhle geschichtete Dentin bietet also ein ähnliches Bild, wie es RÖSE (1898, S. 47, Fig. 17) von dem Parasphenoid des Hechtes (*Esox lucius*) gegeben hat.

Strittig ist nun die Grenze beider Dentinarten, denn MARKERT nahm sie mitten durch die Zone der zentripetalen Bäumchen an, weil sie in seinen Querschnitten hierin als scharfe Linie hervortritt und er zu sehen glaubte, daß Basen der zentripetalen Bäumchen des um die Zentralhöhle konzentrischen Dentins, seines Stammdentins, größtenteils an ihr blind endeten. Er glaubte deshalb, daß die zentripetale Außenzone des Stammdentins von außen her vor Ablagerung des eigentlichen „Mantels" entstanden sei, der sich ontogenetisch etwas später und getrennt vom Stamm anlegt. RITTER (1900, S. 31 ff.) wies aber mit Recht darauf hin, daß MARKERT selbst (S. 678, Taf. 47, Fig. 12) bei einigen der zentripetalen.

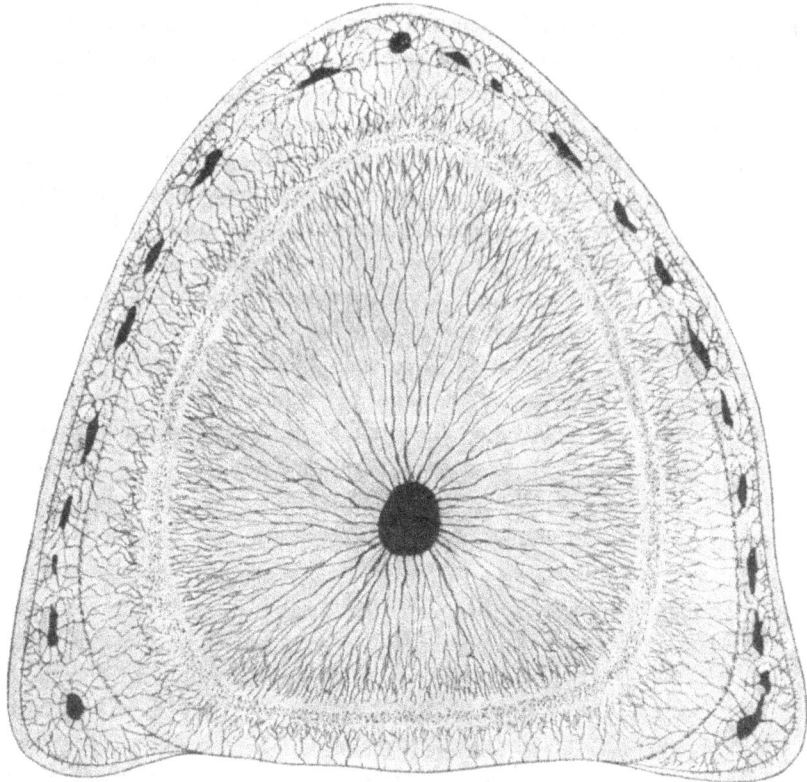

Textfig. 8. Querschnitt über der Mitte der Höhe eines Flossenstachels von *Acanthias vulgaris*, stark vergrößert und etwas schematisiert nach MARKERT 1895 und RITTER 1900. Die Anwachslinien des Stammdentins und das Pigment unter dem Schmelze sind weggelassen.

Bäumchen beobachtet hat, daß sie von Pulpakanälen des Mantels ausgehen und die von ihm angenommene Grenze überqueren, und daß das höchst unwahrscheinliche Blindenden nur vorgetäuscht sei, weil die oft gekrümmten Bäumchen an der vermeintlichen Grenze aus der Schnittebene heraustreten. Er nahm die Ansicht seines Lehrers BENDA an (1882, S. 260), daß die Zone der Pulpakanäle selbst die Grenze zwischen Stamm und Mantel bilde als Rest einer einst beide Dentinzonen trennenden zusammenhängenden Schicht, und daß der Mantel einer auf die eigentliche Stachelanlage aufgesetzten, riesigen, halben Plakoidschuppe entspreche.

Wichtig ist nun, daß MARKERT (S. 692, Taf. 49, Fig. 31, 32) in wagrechten Schnitten durch die Stachelmitte nachwies, daß ontogenetisch die Zentralhöhle mit den Pulpakanälen in Verbindung steht und daß auch diese durch wagrechte Kanäle verbunden sind, was

RITTER (1900, S. 37, Fig. 11, 16, 18) bestätigt hat. RITTER hat aber nicht den Hinweis MARKERTS (S. 679) beachtet, daß auch im Mittelteile der Kronenrückwand, wo sein Mantel fehlt, zentripetale Dentinbäumchen im äußeren Stammteile vorhanden sind, d. h. daß auch dort, wo der äußere Mantel fehlt, Dentin von außen her abgeschieden wird. Endlich lassen manche Abbildungen unzweifelhaft erkennen, daß in der Haut über der Mantelanlage normale Plakoidschüppchen sich bilden (MARKERT Taf. 49, Fig. 28, pl.; RITTER, Taf. 3, Fig. 11). Beides spricht gegen BENDAS Theorie der Homologie des Mantels mit einer Plakoidschuppe, die wohl überhaupt nicht aufgestellt worden wäre, wenn die Zootomen die genauen Beschreibungen fossiler Stachelstrukturen beachtet hätten.

KOPPEN (1901, S. 27 ff.), der leider die feinere Dentinstruktur nicht untersucht hat und auf RITTERS Arbeit nicht näher eingegangen ist, hat die Stachelontogenie in vielen Quer- und Längsschnitten untersucht und bei *Spinax(=Squalus) niger* deutlich abweichende Verhältnisse gegenüber *Acanthias* nachgewiesen. Der Schmelz ist hier nämlich auf die 3 Stachelkanten beschränkt, die Seitenwände sind konkav und Pigment fehlt (KOPPEN, Taf. 2, Fig. 38, 39). Nicht unwichtig ist, daß in der Stachelspitze vor der Zentralhöhle, die den Knorpelstab enthält, noch eine vorhanden ist, deren Abschnürung von ersterer sich ontogenetisch verfolgen ließ, und daß auch hier in jeder Hinterkante ein stärkerer Randkanal verläuft (KOPPEN, Taf. 3, Fig. 56—58), der tiefer unten fehlt. KOPPEN, der (S. 37, 38) erwähnt, daß jeder der senkrechten Kanäle von einer besonderen Dentinhülle umgeben sei, kommt zu dem Schlusse, daß der Stachel von *Spinax* wegen seiner Schmelzreduktion von einem *Acanthias*-artigen abzuleiten sei, und daß bei ihm ein Stamm- und Manteldentin sich nicht unterscheiden lasse. Hier ist der Hinweis JAEKELS (1900, S. 122) wichtig, daß bei *Centrophorus lusitanicus* der Schmelz auf die Vorderkante beschränkt ist und bei *Centrina* ganz fehlt (AGASSIZ III, p. 213, Taf. A, Fig. 4). Ich habe über diese *Spinacidae* keine eigenen Untersuchungen angestellt und kann über sie deshalb nur anfügen, daß bisher keine geologische Altersfolge entsprechend der hier angedeuteten Reduktion nachgewiesen ist.

Bei einem rezenten, 42 cm langen *Cestracion japonicus* von Yokohama in der hiesigen zoologischen Sammlung habe ich nun zum Vergleiche durch den vorderen und hinteren Rückenflossenstachel je einen Querschliff etwa einen Zentimeter unter der Stachelspitze gemacht, so daß ich eine etwas kombinierte Abbildung (Taf. III, Fig. 11a und Textfig. 9) davon geben kann, und außerdem einen Querschliff durch die Wurzel des hinteren Stachels (Taf. III, Fig. 11c). Danach ist hier so ziemlich derselbe Bau vorhanden wie bei *Acanthias*. Der Stachel besteht nämlich ebenfalls in der Hauptsache aus dendroidem Pulpadentin, das eine deutliche, konzentrische Schichtung um die seitlich etwas abgeplattete Zentralhöhle zeigt. Von ihr gehen radiär die sehr spitzwinkelig verzweigten Dentinbäumchen aus, die vorn und an den Flanken des Stachels kleiner und gleichmäßig verteilt sind, während gegen die hinteren Kanten und die Rückseite zu stärkere, weniger spitzwinkelig verästelte und etwas in Gruppen angeordnete Bäumchen zentrifugal ausstrahlen. Die feinsten, auch hier weniger spitzwinkelig verzweigten Ästchen dieser Bäumchen erfüllen förmlich die Aussenzone dieses Pulpadentins. Durch eine mäßig scharfe Grenzlinie geschieden ist davon auch hier das äußere Dentin, in welchem die Dentinbäumchen wesentlich zentripetal laufen und zwar an der Krone wie Wurzel von allen Seiten her (Taf. III, Fig. 11a, 11c), um sich zuletzt ebenfalls sehr fein zu verzweigen. An der Wurzel und an der Rückseite der Krone gehen diese Bäumchen genau wie bei *Acanthias* von der Stacheloberfläche aus, an den Flanken und vorn an der Krone aber von einem Trabekulardentinmantel. Dieser ist aber hier vorn verdickt, nur an den Flanken wie bei *Acanthias* einschichtig. Seine

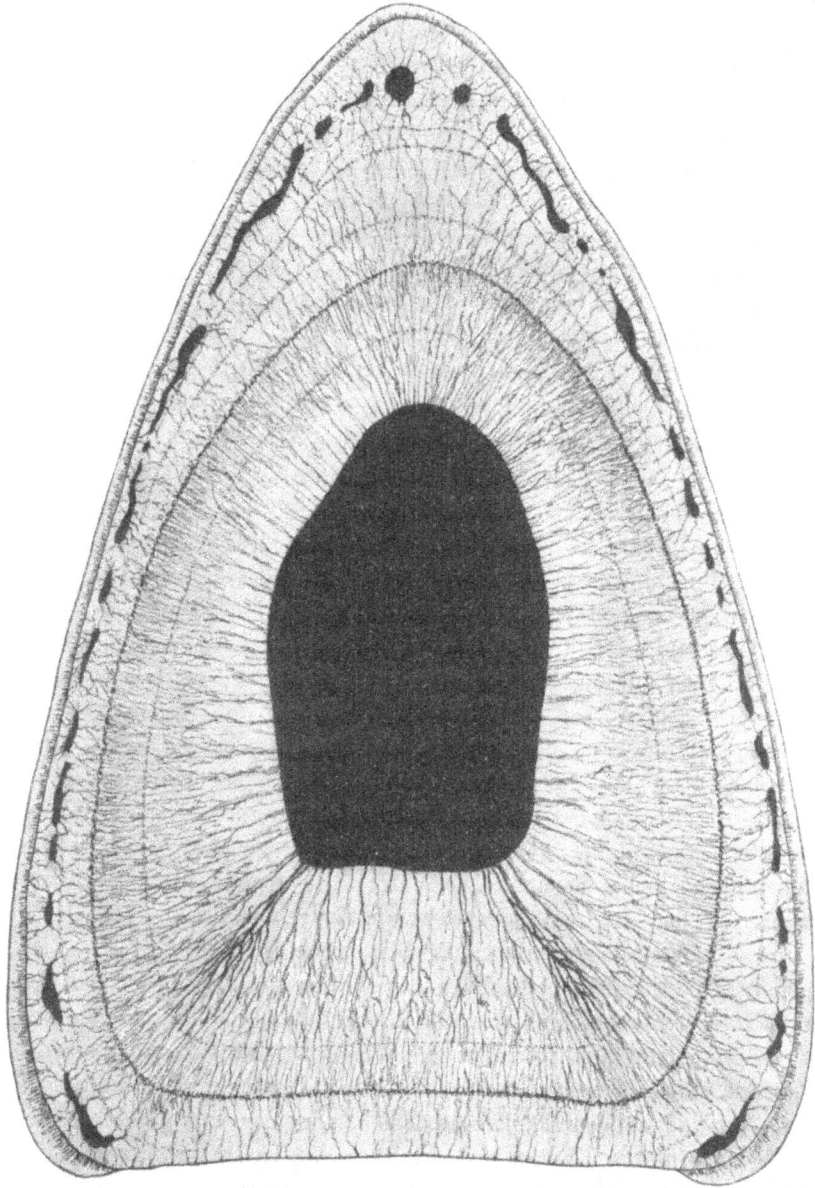

Textfig. 9. Querschnitt durch die Mitte der Höhe eines Flossenstachels von *Cestracion japonicus*, stark vergrößert und etwas schematisiert nach Taf. III, Fig. 11. Das Pigment unter dem Schmelze ist weggelassen.

Pulpakanäle steigen auch hier wesentlich der Oberfläche parallel, senkrecht auf und sind z. T. durch fast wagrechte, der Oberfläche parallele Kanäle verbunden. Sie sind ebenfalls ungleich stark, doch sind besonders weite Randkanäle in den hinteren Kanten nicht nachzuweisen, wohl aber einer in der Vorderkante. Von ihnen gehen Dentinbäumchen nach allen Seiten aus. Die sehr kurzen nach außen hin verzweigten dringen auch hier in eine pigmentierte Zone ein und in wirren, dichten Endästchen in den Plakoinschmelz. Dieser ist dünn und stark doppelbrechend und umkleidet nicht nur die Vorderkante und die Flanken, sondern auch die zwei hinteren Kanten der Krone. Die zentripetalen Dentinbäumchen des Trabekulardentins nehmen z. T. einen recht komplizierten Verlauf, wie Fig. 11b auf Taf. III zeigt, zu der noch zu bemerken ist, daß das zuerst nach hinten, dann erst rechtwinkelig zentralwärts umbiegende Stämmchen, von dem mehrere Ästchen zentralwärts abzweigen, ebenso wie diese nur in der Abbildung auf eine Ebene projiziert ist, tatsächlich aber mehrfach sich herausbiegt. Dieser Umstand und der weitere, daß auch hier eine deutliche, der Oberfläche parallele Linie nahe vom Pulpakanal das Bäumchen quert, läßt den oben (S. 36) erwähnten Irrtum MARKERTS begreiflich erscheinen, der diese Linie für die Grenze von Stamm und Mantel hielt und fast alle zentripetalen Bäumchen an ihr endigen ließ. Die Linie ist aber nur vorn im Querschnitte deutlich, seitlich z. T. ganz unscharf und die Dentinröhrchen überqueren sie überall und fast stets ohne Störung im Verlaufe. Dagegen ist die Grenzlinie zwischen den feinsten Ästen der zentrifugalen und zentripetalen Bäumchen, abgesehen von der Mitte hinten, überall als bräunlich gefärbter Anwachsstreifen deutlich (Taf. III, Fig. 11a); an mehreren Punkten scheinen aber die feinsten Ästchen auch über sie hinüber in Verbindung zu stehen. Die Schichtung des Dentins um die Pulpakanäle endlich gibt sich nur bei durchfallendem Lichte durch einen hellen Ring um jeden Querschnitt kund.

Ein Quer- und ein Längsdünnschliff durch die Spitze eines Flossenstachels von *Paracestracion* cfr. *Zitteli* EASTMAN aus den oberjurassischen lithographischen Schiefern (Nr. A. S. 63 der Münchener paläontologischen Staatssammlung, Taf. III, Fig. 10) lassen keinen Unterschied in der Struktur von dem rezenten *Cestracion* erkennen. Sehr deutlich sind die von der Zentralhöhle ausgehenden Dentinbäumchen und besonders ihre feinsten Verzweigungen, welche in beiden Schliffen die Außenzone des Pulpadentins erfüllen. Im Längsschliffe ist auch der dünne Schmelz sehr scharf abgegrenzt, im queren allerdings nicht überall so scharf. Die Vorderkante und die Rückwand aber ist leider nicht erhalten und im übrigen die Mantelzone so dunkel gefärbt und von Sprüngen durchzogen, daß die Pulpakanäle kaum und die zentripetalen Dentinbäumchen nur ungenau zu sehen sind.[1]

Um einen Vergleich mit einer ganz verschiedenen Gruppe der *Elasmobranchii* zu ermöglichen, habe ich zwei Querschliffe durch die Mitte eines Flossenstachels eines *Holocephalen*, eines 81 cm langen Weibchens der rezenten *Chimaera monstrosa* L. in der hiesigen anatomischen Sammlung, gemacht (Taf. III, Fig. 12 und Textfig. 10). Auch hier besteht der Stachel wesentlich aus Pulpadentin. Seine Schichtung um die sehr weite, seitlich kaum verengte Zentralhöhle ist aber nicht deutlich und die zentrifugalen Dentinbäumchen sind gleichartig, sehr spitzwinkelig verzweigt und nie so stark als die hinteren bei *Cestracion*. Eine bräunliche Linie grenzt das Pulpadentin gegen die ebenfalls dünne Aussenzone ab, die nur an der Vorderkante verdickt ist. Nur hier sind in ihr die Querschnitte senkrecht aufsteigender, sehr verschieden weiter Pulpakanäle zu sehen, von welchen manche offenbar

---

[1] Von dem liassischen *Palaeospinax* EGERTON war mir leider weder Material noch die mit Abbildungen versehene Beschreibung EGERTONS von 1872 zugänglich. Nach PRIEM (1911, p. 3, 4, Taf. I, Fig. 1, 2) gehört der von TRQUEM und PIETTE unter dem Namen *Aulakisanthus Agassizi* beschriebene Stachel aus dem unteren Lias von Chilly (Ardennes) wahrscheinlich zu *Palaeospinax*.

nicht nur etwas schräg aufsteigende Querverbindungen besitzen, sondern auch an der Ober-
fläche münden, einer sogar durch einen etwas gekrümmten, radiären Kanal noch mit der
Zentralhöhle verbunden ist, wie ein näher an der Stachelspitze gemachter Querschnitt zeigt.
Das Dentin ist um diese Kanäle deutlich konzentrisch geschichtet und es gehen von ihnen

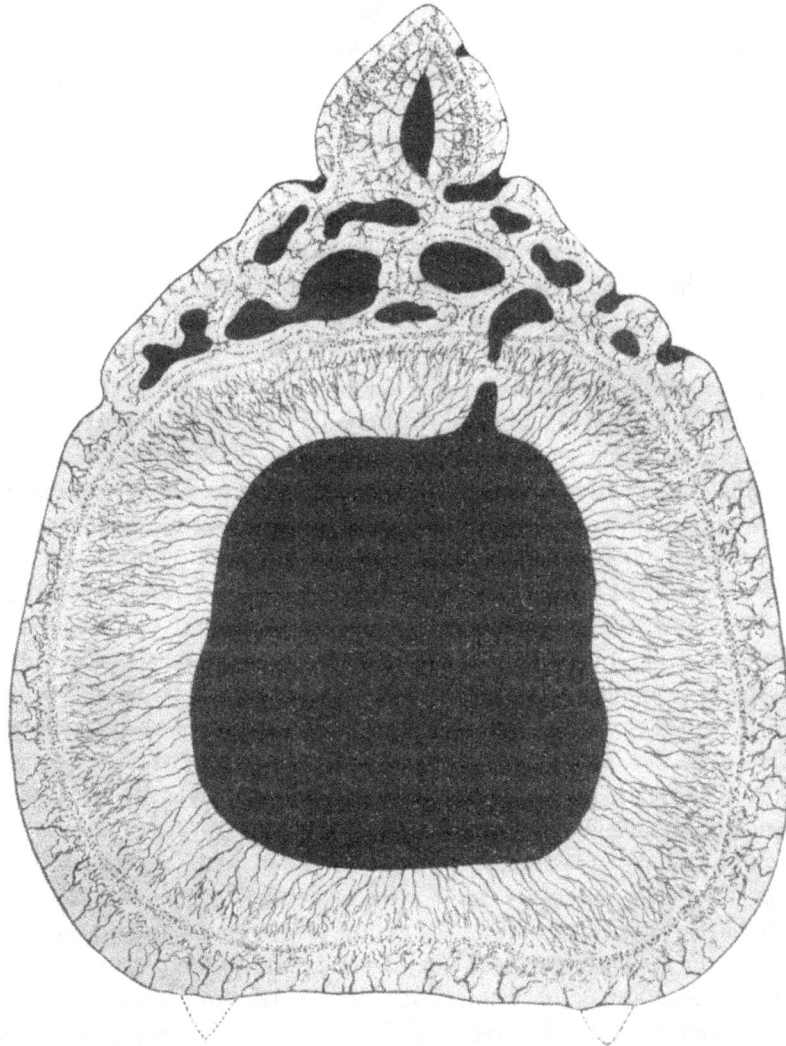

Textfig. 10. Querschnitt über der Mitte der Höhe des Flossenstachels von *Chimaera monstrosa* stark vergrößert, nach einem etwas höheren Querschnitte ergänzt und ein wenig schematisiert.

radiär kurze, etwas spitzwinkelig verzweigte Dentinbäumchen aus, die allerdings auf dem
in der Tafel III abgebildeten Querschnitte ebenso wie die noch zu erwähnenden nur ganz
vereinzelt zu sehen sind, desto besser aber auf dem höheren Querschnitte. In ihm sieht
man von allen Seiten, auch vorn, von der Stacheloberfläche aus zentripetal Dentinbäumchen ausgehen, die kurz sind und sich wenig spitzwinkelig und reichlich verzweigen. Eine
sehr fein getüpfelte, ganz schmale Zone trennt auch hier die feinsten Ästchen der zentri-

fugalen Bäumchen von denen des Trabekulardentins und der ganzen Aussenzone. Schmelz
fehlt völlig, doch sind leider die winzigen
Zähnchen der zwei hinteren Kanten auf den
Schliffen nicht getroffen, so daß möglicher-
weise an ihnen doch Schmelz vorhanden sein
kann.

Ein querer Dünnschliff durch die Spitze
und das Unterende eines etwa 23 cm hohen
Flossenstachels (Nr. A. S. 62 der hiesigen paläontologischen Staats-Sammlung) von *Ischyodus Quenstedti* Wagner (Taf. III, Fig. 2 und
Textfig. 11) und der Vergleich mit der Beschreibung und Abbildung eines gleichen durch
Riess (1887, S. 13, Taf. II, Fig. 6) aus dem
lithographischen Schiefer von Kehlheim, also
von einem oberstjurassischen *Holocephalen*, bietet ein wesentlich anderes Bild als die bisher
beschriebenen. In der Krone ist hier zwar
auch ein um die stark seitlich komprimierte
Zentralhöhle deutlich geschichtetes Pulpadentin
vorhanden, dessen zentrifugale radiäre Dentinröhrchen aber größtenteils gleichmäßig verteilt, gerade und höchstens sehr spitzwinkelig
verzweigt sind. Nur nach vorn und besonders
gegen die zwei hinteren Kanten zu sind etwas
stärker, aber gleichfalls sehr spitz verzweigte
Dentinbäumchen vorhanden. Außerdem gehen
aber von der Zentralhöhle vereinzelte, radiäre,
etwas gekrümmte Pulpakanäle aus, von welchen sehr spitzwinkelig zentrifugale Dentinröhrchen entspringen. Die äußere Grenze dieses
Stammdentins ist eine von Riess a. a. O. nicht
bemerkte und abgebildete wellige Linie, die
in der Mitte der Hinterseite stark eingebuchtet
ist. Sie wird von vereinzelten radiären Pulpakanälen überschritten. Damit ist eine Verbindung mit dem besonders hinten dicken Mantel
von Trabekulardentin hergestellt, in welchem
die nicht sehr ungleich weiten, senkrechten

Textfig. 11. Querschnitt über der Mitte der Höhe des
Flossenstachels von *Ischyodus Quenstedti* aus dem
obersten Jura, nach Fig. 2 auf Taf. III ergänzt und
ein wenig schematisiert.

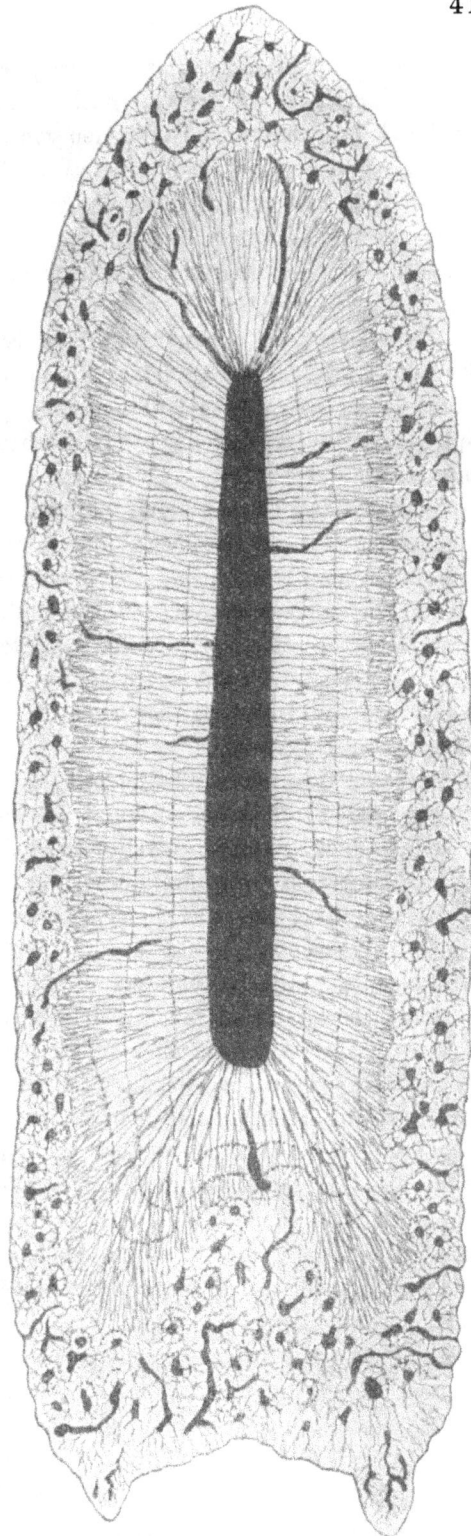

Pulpakanäle zahlreiche, ziemlich wagrechte Verbindungen besitzen und allseits auch einzelne Mündungen an der Oberfläche. Um diese Kanäle ist das Dentin sehr deutlich konzentrisch geschichtet und es gehen von ihnen allseits radiär stark verzweigte, kurze Dentinbäumchen aus. Dieses demnach nur mäßig regelmäßige Trabekulardentin setzt die Wurzel des Stachels ausschließlich zusammen. Es besteht also der Stachel überwiegend aus ihm statt aus Pulpadentin und dieses ist kein normales, wie es nach dem von RIESS abgebildeten Ausschnitte eines Querschnittes erschien, sondern ein Mittelding zwischen Pulpadentin und Plicidentin.

Schmelz fehlt völlig, allerdings ist von den Zähnchen, die an den zwei hinteren Kanten der Krone vorhanden sind, im Schliffe nur der Sockel getroffen. In ihn treten mehrere der wagrechten, unregelmäßig gekrümmten Kanäle ein, von welchen nach außen spitzwinkelig verzweigte, kurze Dentinbäumchen abgehen. Er besteht also, wie zu erwarten, aus etwas wirrem Trabekulardentin.

Nach den Bemerkungen von RIESS (1887, S. 26/7) scheint auch der Rückenflossenstachel der aus den gleichen Fundschichten stammenden *Chimaeropsis* wesentlich aus Trabekulardentin zu bestehen. Von geologisch älteren *Holocephalen* ist leider gar nichts über die Stachelstruktur bekannt. Ich konnte aber mehrere wagrechte Querschliffe durch den mit Höckern verzierten Kronenteil von Stachelstücken des **Nemacanthus** *monilifer* AG. aus dem rhätischen Bonebed von Kemnath, Degerloch und Nellingen in Württemberg machen, welch wertvolles Material ich teils der hiesigen, größtenteils aber der Stuttgarter paläontologischen Sammlung verdanke. Hier ist die Zentralhöhle sehr eng, annähernd kreisförmig und im hinteren Drittel gelegen (ENDLICH 1870, S. 15, Taf. I, Fig. 60 a; DAVIS 1881, p. 419, Taf. 22, Fig. 3 a, 4 a; und Textfig. 12). Um sie ist ein Stammdentin konzentrisch geschichtet, dessen spitzwinkelig verästelte, radiäre Dentinbäumchen erheblich stärker sind als bei *Ischyodus*. Radiäre Pulpakanäle sind dazwischen ein wenig häufiger als bei ihm, ebenfalls stärker und z. T. gegabelt; auch sie reichen großenteils bis über die hinten ein wenig eingebuchtete, sonst aber weniger unregelmäßige Grenze des Stammdentins in das Manteldentin. Dieses aber setzt hier auch in der Krone den weitaus überwiegenden Teil des Stachels zusammen; nur an der Rückseite ist es anscheinend schwach entwickelt, vorn aber um so stärker. Es ist nämlich seitlich ein wenig dicker als das Stammdentin, vorn jedoch etwa viermal so dick. Es ist ein regelmäßiges Trabekulardentin, das eine Zweiteilung zeigt. Vor dem Stammdentin sind in einem Raume, der dem dreieckigen Querschnitte ungefähr entspricht, die unregelmäßigen Querschnitte der Pulpakanäle meist erheblich weiter als das um sie konzentrisch geschichtete Dentin. Dieser Teil gleicht daher einem spongiösen Knochen. Rings um das Ganze aber in ziemlich gleichbleibender, nur auf der Rückseite geringer Dicke ist das Trabekulardentin wie gewöhnlich ausgebildet, d. h. die allermeist annähernd quer getroffenen erheblich engeren Pulpakanäle sind konzentrisch von dickem Dentin umgeben, in das allseits radiär kurze, gekrümmte, wenig spitzwinkelig verzweigte Dentinbäumchen ausgehen, deren feinste Ästchen ein ziemliches Gewirr bilden. Manche dieser engen Pulpakanäle münden übrigens auch an diesem Stachel frei an dessen Oberfläche, die nicht von Schmelz bedeckt ist.

In der Vorderkante und in den Flankenhöckern wie wahrscheinlich auch in den leider nicht in den Schliffen getroffenen Zähnchen der zwei hinteren Kanten sind, wie zu erwarten, die eintretenden Pulpakanäle ein wenig enger und unregelmäßiger als im übrigen

Mantel und es gehen die stark,
aber nicht sehr spitzwinkelig verzweigten, sehr kurzen Dentinbäumchen wesentlich auf die Oberfläche
zu. Sie ist hier von einer ziemlich
dicken, an ihren Rändern aus-
keilenden Deckschicht überzogen,
die in polarisiertem Lichte eine
erheblich stärkere Doppelbrechung
zeigt als das Dentin, sonst aber
nicht scharf von ihm abgegrenzt
ist vor allem, weil eine sehr große
Anzahl ganz fein werdender, ungefähr paralleler Dentinröhrchen
aus ihm bis etwa zwei Drittel der
Dicke in sie eintritt. Es ist also
sowohl an der Vorderkante wie
auf den Flankenhöckern Plakoinschmelz nachgewiesen und wahrscheinlich auch auf den Kronen
der Kantenzähnchen vorhanden.

Die bei *Ischyodus* und *Nema-*
canthus nachgewiesene Stachelstruktur vermittelt nun zu der,
welche ich bei den mir vorliegenden
***Asteracanthus*-** und ***Hybodus*-**
Stacheln in zahlreichen Quer- und
Längsdünnschliffen gefunden habe
(Taf. III, Fig. 4—9), und die schon
KIPRIJANOFF (1855, Taf. II) von dem
ungefähr gleichalterigen, mittel-
kretazischem *Hybodus Eichwaldi* im
wesentlichen richtig und genau beschrieben und abgebildet hatte.
Diese Stacheln (Textfig. 13) bestehen in der Hauptsache aus
ziemlich regelmäßigem Trabekulardentin, nämlich die Wurzel ganz
und an der Krone der allseits dicke
Mantel. In ihm steigen ungefähr
parallel zahlreiche Pulpakanäle auf,
die aber häufige Anastomosen besitzen (Taf. III, Fig. 5, 6; KIPRI-
JANOFF 1855, Taf. II. Fig. 9—13).

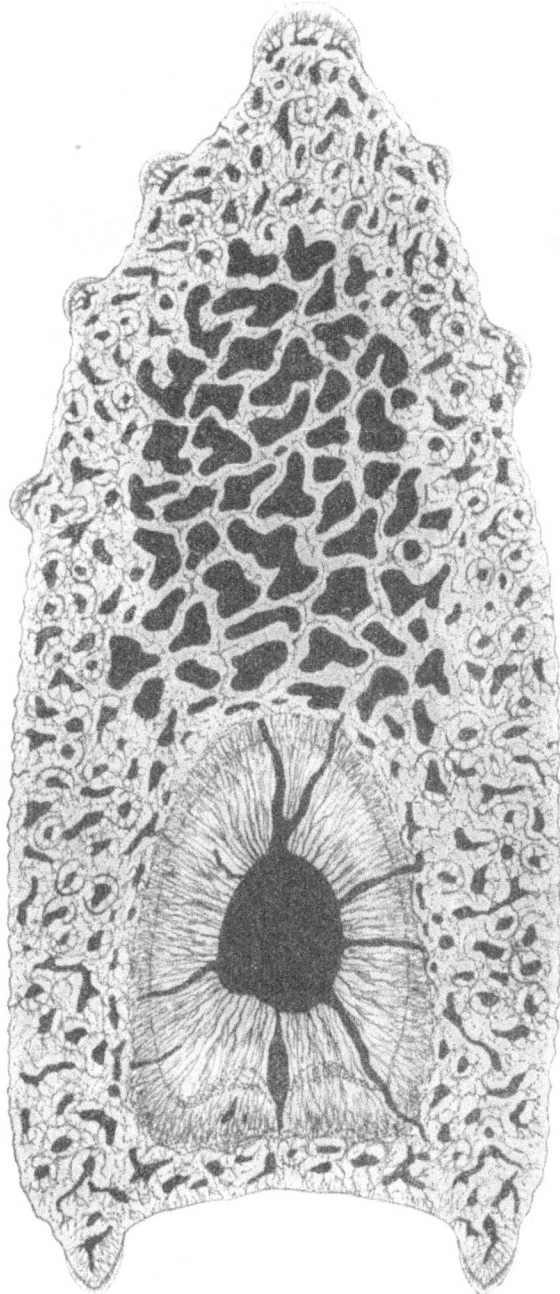

Textfig. 12. Querschnitt über der Mitte eines Flossenstachels
von *Nemacanthus monilifer* aus der obersten Trias, stark vergrößert und etwas schematisiert, ergänzt und kombiniert nach
mehreren Querschliffen durch Flossenstachelstückchen aus
rhätischen Bonebeds Württembergs.

6*

44

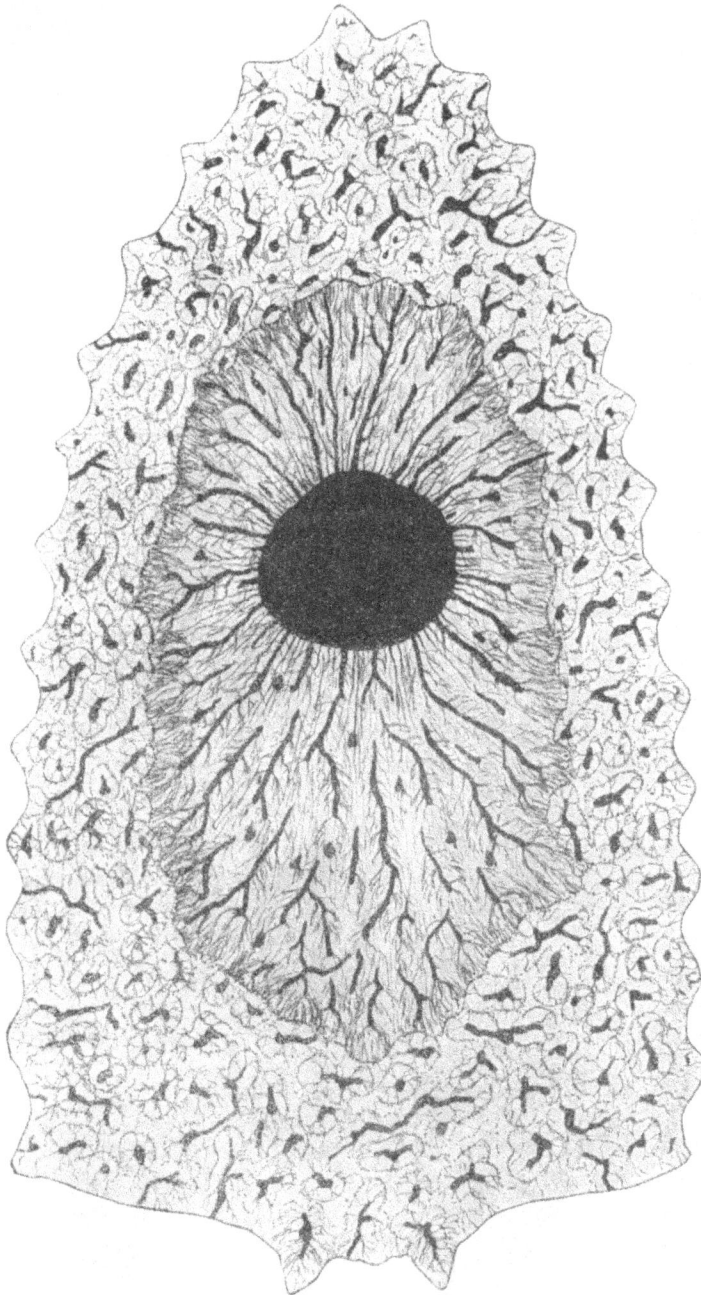

Textfig. 13. Querschnitt über der Mitte eines Flossenstachels von *Hybodus Aschersoni* aus der mittleren Kreide, nach Fig. 9a auf Taf. III ergänzt und etwas schematisiert.

Oft sieht man diese Kanäle in der Wurzel von der Stachelhöhle ausgehen (Taf. III, Fig. 8), oft hier und entgegen der Darstellung KIPRIJANOFFS auch an der Krone an der äußeren Oberfläche münden (Taf. III, Fig. 4a, 5, 8, 9a, b). Mehrfach kann man eine innere Zone mit z. T. sehr weiten Kanälen und eine etwas weniger dicke äußere mit nur $^1/_2$ bis $^1/_3$ so weiten unterscheiden (Taf. III, Fig. 8). In letzterer, die besonders im oberen Stachelteile nicht scharf von der inneren abgegrenzt ist, finde ich besonders viele Verbindungen und Zerteilungen der Kanäle (Taf. III, Fig. 5), aber nicht solche Radiärstellung äußerster, wagrechter, wie sie KIPRIJANOFF (1855, S. 394, Taf. II, Fig. 11) in einem wagrechten Schliffe nahe über dem Ende des Stachelschlitzes nachgewiesen hat. Er hat in der inneren Zone ferner nur wenige stärkere, von den Pulpakanälen radiär ausgehende Dentinbäumchen abgebildet (a. a. O., S. 395/6, Taf. II, Fig. 16), in der äusseren aber viel feinere und stärker verästelte (Fig. 17). Ich kann dies bestätigen und insofern ergänzen, als in letzterer mehrfach die Dentinröhrchen vorzüglich erhalten sind und in Querschliffen derartig, daß man bei starker Vergrößerung das ganze Dentin zwischen den Pulpakanälen von einem ziemlich gleich feinen Netz von Dentinröhrchen erfüllt sieht, die in ihrer Stärke wenig wechseln (Taf. III, Fig. 7).

Es ist dasselbe Bild, wie es Owen (1845, Taf. 9, Fig. 2) von dem wagrechten Querschliffe durch das regelmäßige Trabekulardentin eines Sägezahnes von *Pristis* gegeben hat. In manchen Dünnschliffen aber, wo die konzentrische Schichtung des Trabekulardentins um die Pulpakanäle besonders deutlich ist, etwa wie es Kiprijanoff (1855, Taf. II, Fig. 16) abgebildet hat, sind die Dentinröhrchen schlecht oder garnicht zu sehen, was nur auf der Erhaltungsart beruht. Gewöhnlich ist das Dentin um die Kanäle herum bei durchscheinendem Lichte heller, in den Grenzzonen zwischen den Kanalsystemen aber öfters weniger durchsichtig, nicht nur, weil es von besonders vielen, feinsten Dentinröhrchen erfüllt ist, sondern anscheinend auch, weil ein Farbstoff hier eingelagert ist, von dem schwer zu entscheiden ist, ob er schon bei dem lebenden Tiere vorhanden war oder nur auf Fossilisation beruht (Kiprijanoff 1855, Taf. II, Fig. 9, 11; Taf. III, Fig. 4, 6, 8, 9a, b). Vielleicht handelt es sich um die Ausfüllung von in diesen Zonen besonders häufigen Interglobularräumen.

Kiprijanoff hat nun die ganze skulptierte und unskulptierte Kronenoberfläche von einer dunklen Deckschicht (n seiner Abbildungen) überkleidet gefunden. Es dringen aber nicht nur feinste Verästelungen von Dentinröhrchen in sie ein, sondern es sind auch in ihr sehr viele Pulpakanäle vorhanden (a. a. O., S. 398/9, Taf. II, Fig. 14, 15). Ich halte sie deshalb nicht für Plakoinschmelz, sondern nur für eine Fossilisationserscheinung (Eiseninfiltration), die bei meinen Stücken fehlt. In ihr sieht man, wie schon erwähnt, engere Pulpakanäle vielfach auch an der Kronenoberfläche münden, und sie in die Flankenhöckerchen bei *Asteracanthus* (Taf. III, Fig. 4a, 5) wie in die Rippen und Leisten bei *Hybodus* (Fig. 9a, b) eintreten, ja manchmal auch an ihnen nach außen münden. Sie sind in diesen Skulpturteilen aber weniger regelmäßig und nach allen Seiten hin gehen von ihnen Dentinbäumchen aus. Manchmal sieht man in wagrechten Dünnschliffen nahe unter der Oberfläche der *Hybodus*-Rippen einen ihr ungefähr parallelen Pulpakanalbogen, von dem aus auf sie zu reichlich verästelte Dentinbäumchen ausgehen. Ebenso verhält es sich mit den Sockeln der Hakenzähnchen (Taf. III, Fig. 6). Es handelt sich also hier um wirres Trabekulardentin. In den Haken selbst geht davon aber nur ein zentraler Kanal aus, von dem sehr spitzwinkelig verzweigte Dentinröhrchen radiär ausstrahlen (Fig. 6). Ihre feinsten, weniger spitzwinkelig verästelten Enden reichen bis ganz nahe an die Hakenoberfläche, die zwar heller durchscheinend, aber in keiner Weise, auch in polarisiertem Lichte nicht, schmelzartig abgegrenzt erscheint. Die Haken bestehen also nur aus Pulpadentin. Daß ich an der übrigen Kronenoberfläche nirgends eine Schmelz- oder auch nur eine vitrodentinartige Deckschicht finden kann, sei schließlich gegen Jaekel (1890, S. 122) ausdrücklich hervorgehoben.

In der Krone nun, wo der Schlitz zu einer Zentralhöhle geschlossen ist, wird der Mantel aus Trabekulardentin nach oben zu allmählich etwas schwächer (Kiprijanoff 1855, S. 396) und ist dafür in steigendem Maße ein Stammdentin entwickelt, das aber viel komplizierter gebaut ist als bei den bisher behandelten Stacheln. In ihm spielen nämlich senkrecht aufsteigende Pulpakanäle eine ziemliche Rolle, sie treten aber zurück gegen radiär und ziemlich wagrecht verlaufende (Taf. III, Fig. 4a, 9a, b; Kiprijanoff 1855, Taf. II, Fig. 10, 11). Letztere, die selten sich gabeln, enden größtenteils in diesem Dentin, einzelne aber gehen bis in den Mantel, also wie bei *Ischyodus* und *Nemacanthus*, und stehen hier mit dessen Kanälen in Verbindung. Von all diesen Pulpakanälen des Stammdentins, aber auch unmittelbar von der Zentralhöhle selbst gehen Dentinbäumchen aus, die sich sehr spitzwinkelig verästeln und wesentlich radiär und gerade zentrifugal verlaufen (Taf. III,

Fig. 9 b; Kiprijanoff 1855, S. 396/7, Taf. II, Fig. 9, 10). Dadurch, daß, wie eben erwähnt, die allermeisten der radiären Pulpakanäle in einiger Entfernung von der Außengrenze des Stammdentins enden, ist dessen schmale Außenzone dadurch gekennzeichnet, daß sie fast nur die feinsten Endverästelungen der radiären Dentinbäumchen enthält (Taf. III, Fig. 9 b). Es scheint aber, daß auch manche dieser feinsten Ästchen mit solchen des Mantels in Verbindung stehen.

Im allgemeinen ist jedoch die Grenzlinie des Stammdentins wenigstens in wagrechten Schliffen sehr scharf. Sie verläuft in diesen z. T. etwas wellig wie bei *Ischyodus*, besonders bei *Asteracanthus* (Taf. III, Fig. 4 a). Sehr interessant ist aber, daß sie bei ihm an einigen Stellen, wo radiäre Pulpakanäle weiter als die meisten reichen, zapfenförmig in den Mantel eingreifen. An einem dieser Zapfen (Taf. III, Fig. 4 b) läßt sich sogar bei stärkerer Vergrößerung sehr deutlich sehen, daß nicht nur von ihm aus bäumchenförmige Dentinröhrchen in den Mantel ausstrahlen, sondern auch von dem radiären Pulpakanal selbst aus, trotzdem die Grenzlinie ganz scharf ist.

Kiprijanoff (1855, Taf. II, Fig. 9) stellte endlich eine sehr deutliche, um die Zentralhöhle konzentrische Schichtung des Stammdentins dar, wie sie ja auch fast bei allen bisher beschriebenen Stacheln zu sehen war. Bei meinen wagrechten Dünnschliffen aber ist sie nur bei *Asteracanthus* im innersten Teile um die Zentralhöhle deutlich und sonst auch hier eine Schichtung um die Pulpakanäle herum. Die Zentralhöhle selbst ist übrigens bei *Asteracanthus* durch sekundäre Dentinausscheidung in der Stachelspitze wie bei *Spinax niger* in einen vorderen und hinteren Ast gegabelt (Taf. III, Fig. 4 a) und auf einem senkrechten Dünnschliffe, der nur ihre Randzone durchschneidet, unregelmäßig von Dentinbalken durchsetzt.

Daß wesentlich dieselbe Struktur schon zur Jurazeit vorhanden war, beweisen die allerdings stark schematisierten Abbildungen wagrechter Querschliffe von Stacheln des *Asteracanthus ornatissimus* und *Hybodus reticulatus* in Agassiz (III, p. 214/5, Taf. A, Fig. 7—9). Davon zeigt Fig. 7 offenbar die nur aus dem regelmäßigen Trabekulardentin des Mantels bestehende Wurzel, Fig. 9 aber den unteren Teil und Fig. 8 den oberen der Krone, in welcher das nach oben zu stärker werdende Stammdentin sehr deutlich konzentrisch um die Zentralhöhle geschichtet ist. Nach der kurzen Beschreibung Agassiz's sind die Dentinröhrchen in diesen Schliffen nur stellenweise zu sehen gewesen, in den beiden letzten Figuren also rein schematisch ergänzt als radiäre Büschel im Stammdentin. Es erscheint etwas auffällig, daß Agassiz in ihm nichts von radiären Pulpakanälen bemerkt hat. Man darf aber als sicher annehmen, daß sie auch hier vorhanden waren, denn in einem leider nur ungenau beschriebenen wagrechten Querschliffe durch die Stachelkrone von *Hybodus* cfr. *dimidiatus* Ag. aus der mittleren Trias in Jaekel (1889, S. 331, Taf. 10, Fig. 11) sind im Stammdentin wenigstens einige radiäre Pulpakanäle eingezeichnet. Da dieses Dentin im Verhältnis zum Mantel dünn und die Zentralhöhle weit ist, handelt es sich übrigens um den unteren Teil der Krone und nur um die äußere Zone des Stammdentins, in der ja auch ich nur wenige Radiärkanäle zwischen den vielen feinen radiären Dentinröhrchen finde.

Daß die beschriebene Stachelstruktur der *Hybodontidae* eine uralte ist, beweisen die Beschreibung und Abbildungen Rohons (1893, S. 42—45, Textfig. 9, Taf. II, Fig. 57, 58) von wagrechten Querschliffen durch die Stacheln der obersilurischen **Onchus Murchisoni** Ag. und *tenuistriatus* Ag. Allerdings ist der Stachel von Schmelz umkleidet, aber darunter befindet sich eine mehr oder minder dicke Schicht von ziemlich regelmäßigem Trabekulardentin mit konzentrischer Schichtung um die Pulpakanäle und mit einem Netz sehr feiner Dentinröhrchen (a. a. O., S. 44, Taf. II, Fig. 57) und innen Stammdentin mit z. T. sehr deutlicher konzentrischer Schichtung um die Zentralhöhle und von dieser radiär ausstrahlenden Dentinbäumchen sowie allerdings wenigen Pulpakanälen.

Ganz kurz ist schließlich die mikroskopische Struktur weiterer Stacheln von *Elasmobranchii* zu erwähnen. Über die Sägezähne der **Pristidae**, die man ja auch als Stacheln auffassen könnte, habe ich mich (1917, S. 6, 10, 19, 21, 22, Taf. I, Fig. 12, 13, 22, 23, 25) schon ausführlich verbreitet. Die Schwanzstacheln der **Trygonidae** und **Myliobatidae** (Textfig. 14) bestehen nach AGASSIZ (III, p. 213/4, Taf. A, Fig. 1, 2, 5) und RITTER (1900,

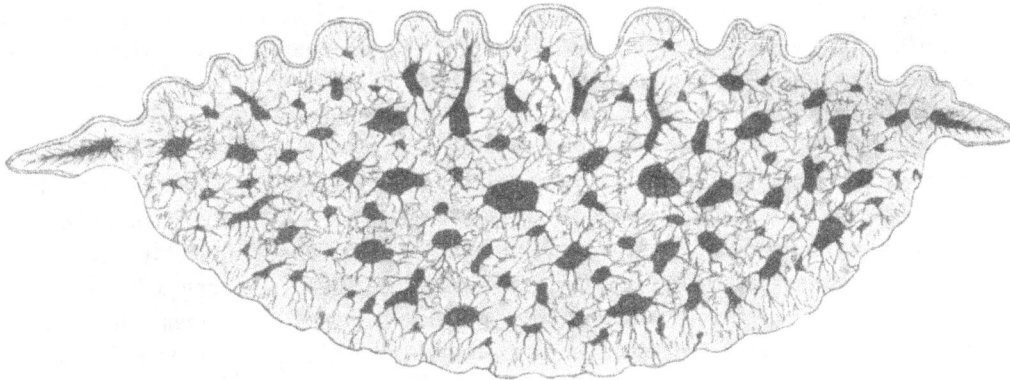

Textfig. 14. Querschnitt durch die Mitte eines Schwanzstachels eines *Myliobatiden* und *Trygoniden*, stark vergrößert und etwas schematisiert nach BENDA 1882 und RITTER 1900 uud nach einem Querschliff durch ein Stachelstück aus dem Mittelmiocän Oberbayerns.

S. 17--28, Taf. I, Fig. 1, 2), die ich an Dünnschliffen miocäner Stacheln nachgeprüft habe, völlig aus ziemlich regelmäßigem Trabekulardentin ohne Zentralhöhle und sind nur an der Krone außer an der Hinterseite mit einer dünnen Deckschicht von Plakoinschmelz überzogen. Sie sind vor dem Tertiär noch nicht nachgewiesen.

Die wesentlich permischen Nackenstacheln der **Pleuracanthidae** aber sind offenbar ziemlich wie die Rückenflossenstacheln der *Hybodontidae* gebaut. Nach FRITSCH (1889, S. 103, Taf. 86, Fig. 4b; 1895, S. 7, 12, Textfig. 191, 192, 202, 203) ist nämlich an der Krone ein dicker Mantel von regelmäßigem Trabekulardentin vorhanden, in dem sich mehrfach eine innere Zone mit weiteren Pulpakanälen und eine äußere mit engeren unterscheiden läßt, und innen ein dickes, deutlich konzentrisch um die Zentralhöhle geschichtetes Stammdentin, in welchem wenigstens in einem wagrechten Querschliffe (FRITSCH 1895, Fig. 202) radiäre, zentrifugale Dentinröhrchen und wenige Pulpakanäle nachgewiesen sind.

Die karbonischen Stacheln von **Gyracanthus** scheinen hinwiederum nach AGASSIZ (III, p. 214, Taf. A, Fig. 6) und nach meinen Beobachtungen unter Lupenvergrößerung an hiesigem Material aus Rußland völlig aus regelmäßigem Trabekulardentin zu bestehen, besitzen aber eine Zentralhöhle im Gegensatze zu den Schwanzstacheln der *Trygonidae* und *Myliobatidae*.

Sehr eigenartig ist endlich die Struktur der Flossenstacheln der **Acanthodi** des Devon bis Perm. Nach FRITSCH (1895, S. 62, Taf. 107, Fig. 7—9, Textfig. 256) besitzt nämlich der Brustflossenstachel von *Acanthodes punctatus* aus der oberstkarbonischen Schwarten- kohle von Kunova in Böhmen wie der von *A. Bronni* aus dem Perm (a. a. O., S. 60, Fig. 255) eine Zentralhöhle, dahinter eine dicke Schicht von regelmäßigem Trabekulardentin mit wesentlich senkrecht aufsteigenden Pulpakanälen, bei welchen aber wahrscheinlich in- folge der gebrauchten schwachen Vergrößerung Dentinröhrchen nicht festgestellt sind, und davor eine senkrechte Reihe von Pulpakanälen, die von der Stachelhöhle schräg nach oben vorn aufsteigen und in einer Porenreihe parallel dem Vorderrande an der Seite nahe hinter ihm münden. Damit stimmt überein, was ROHON (1893, S. 45/6, Fig. 12) von dem Stachel des *A. Lopatini* aus dem ? Devon von Isyndschul in Sibirien beschrieben hat. Er bildet etwas wirre, feine Dentinröhrchen ab, die von den Enden der schrägen Pulpakanäle gegen den Vorderrand hin verlaufen, hebt aber ausdrücklich hervor, daß von den hinteren Pulpa- kanälen keine ausgehen. Entgegen seiner Behauptung gehen letztere nicht von der Zentral- höhle aus, sondern verlaufen nach seiner Abbildung ihr wie bei den obigen Stacheln im wesentlichen parallel. Dagegen bestritt REIS (1896, S. 189) mit Recht die Zugehörigkeit eines Stachelstückchens aus dem Obersilur von Ludlow in England zu *Acanthodes* (ROHON 1893, S. 55/6, Taf. I, Fig. 49, Textfig. 16) wegen seiner Form und einfach um die Zentral- höhle konzentrischen Struktur. Von permischen *Acanthodes*-Stacheln aber bildete REIS (1890, S. 7, Fig. IVe), leider auch nur in sehr schwacher Vergrößerung einen Längsschliff ab, der die schräg nach oben vorn aufsteigenden Pulpakanäle zeigt; sie gehen nach FRITSCH's genaueren Untersuchungen entgegen seiner Behauptung (1896, S. 189) von der Zentral- höhle aus. Wichtig erscheint seine ausdrückliche Feststellung (1896, S. 188/9), daß ein inneres, radiär gebautes und um die Zentralhöhle konzentrisches Stammdentin völlig fehlt, und vielleicht von Bedeutung, daß entgegen den Befunden von ROHON und FRITSCH bei den permischen *Acanthodes* hinten nur ein senkrechter Pulpakanal vorhanden sein soll.

Wenn nun auch keine Rede davon sein kann, die hier beschriebenen Stachelstrukturen von *Elasmobranchii* unmittelbar von einander abzuleiten, und eine auch nur einigermaßen gesicherte Stammesgeschichte der *Elasmobranchii* bei dem heutigen Stande des Wissens noch nicht aufgestellt werden kann, so scheinen mir obige Feststellungen doch schon zu genügen, um mit einiger Wahrscheinlichkeit folgende **phylogenetische Entwicklung dieser Stachelstrukturen** anzunehmen.

Eine die Krone vollständig umkleidende dünne Deckschicht von Plakoinschmelz, d. h. eines Schmelzes ohne Prismenstruktur, in welchen von innen her sehr viele, feine und in der Regel etwas wirre Dentinröhrchen mehr oder weniger weit, aber nie bis zur Oberfläche eindringen, ist als sehr alt und primitiv anzunehmen. Sie fehlt allerdings schon den de- vonischen *Acanthodi* und den karbonischen *Gyracanthus* sowie den *Holocephali* mindestens vom oberen Jura an, während sie bei triassischen-liassischen noch in kleinen Resten vor- handen war. Bei den *Hybodus*-artigen Stacheln ist die Schmelzdeckschicht im Obersilur vorhanden, mindestens von der Trias an aber völlig verschwunden. Bei den *Cestracionidae* wiederum erhält sie sich noch heute außer an der Rückseite und bei den *Spinacidae* erscheint sie auch sonst eben erst in allmählicher Reduktion begriffen. An den Sägezähnen der *Pristidae* war sie noch während der mittleren Kreidezeit vorhanden und ist sie erst vom Mitteleocän an bis auf Reste in Jugendstadien rückgebildet. An den

Schwanzstacheln der *Trygonidae* und *Myliobatidae* endlich erscheint sie nur an der Rückseite rückgebildet.

Da die letzteren Stacheln wie die der *Pristiden*-Sägen geologisch sehr junge Gebilde sind und da ich bei den *Pristidae* eine sekundäre Entstehung der känozoischen Struktur aus normalem Pulpadentin der mittleren Kreidezeit erweisen konnte (1917, S. 19 ff.), darf man wohl annehmen, daß eine Zusammensetzung ganzer Stacheln aus regelmäßigem Trabekulardentin, wie sie sich bei den känozoischen *Myliobatidae, Trygonidae* und *Pristidae* findet, etwas sekundäres ist.

Dagegen erscheint eine sehr wesentliche Beteiligung von regelmäßigem Trabekulardentin am Stachelaufbau und das Vorhandensein einer Zentralhöhle als ein sehr altes und primitives Merkmal aller Flossenstacheln von *Elasmobranchii*. Bei den *Acanthodi* ist allerdings dieses Trabekulardentin schon zur Devonzeit auf die Stachelrückseite beschränkt und wird vielleicht zuletzt in der Permzeit auch hier stark reduziert, wenn die auf S. 48 erwähnte Angabe von REIS richtig ist, daß bei dem permischen *Acanthodes Bronni* nur noch ein Pulpakanal vorhanden sei. Bei dem karbonischen *Gyracanthus* scheint das regelmäßige Trabekulardentin allseits um die Zentralhöhle die dicke Stachelwand allein zu bilden, bei den permischen *Pleuracanthidae* aber doch deren äußere Hälfte. Bei den *Hybodontidae* jedoch setzte es die Wurzel völlig und die Krone in der Hauptsache bis in die mittlere Kreidezeit zusammen und bei den *Holocephali* ist dies noch zur oberen Jurazeit der Fall. Bei den känozoischen *Holocephali* erscheint es dann auf die Vorderkante der Stacheln beschränkt, sonst aber nur in rudimentären Resten angedeutet durch die von außen zentripetalwärts eindringenden Dentinbäumchen.

Bei den *Cestracionidae* erscheint dieses Dentin an der Wurzel und an der Rückseite der Krone zwar auch nur in diesen letzten Resten angedeutet, aber es ist hier nicht nur an der Vorderkante der Krone noch etwas entwickelt, sondern auch, wennschon nur einschichtig, an den zwei Flanken noch vorhanden. Davon läßt sich dann unschwer der Zustand bei den ja erst spät auftretenden *Spinacidae* ableiten, bei welchen das regelmäßige Trabekulardentin sich auch vorn wie an den Flanken der Stachelkronen nur noch einschichtig erhält, während es sonst ebenfalls nur in den äußeren Schichten mit zentripetalen Dentinbäumchen angedeutet ist.

Wichtig ist nun, die Rolle der Zentralhöhle diesem Trabekulardentin gegenüber festzustellen, um so mehr, als JAEKEL (1890, S. 121) und RITTER (1900, S. 31) bestritten haben, daß sie eine echte Pulpahöhle sei. Allerdings läßt sich in ihr bei den rezenten Formen ein Flossenknorpelstab nachweisen, sind ihr die Pulpakanäle des regelmäßigen Trabekulardentins im wesentlichen parallel und münden sie bei Schmelzmangel vielfach auf den Stachelaußenseiten und dringen endlich die zentripetalen Dentinröhrchen von diesen aus ein. Es handelt sich demnach sicher nicht um eine normale Pulpahöhle, aber es ist nicht nur mehrfach festgestellt, daß die Pulpakanäle des Mantels gegen sie vielfach offen sind, sondern daß gerade die inneren Pulpakanäle erheblich weiter sind als die äußeren (Taf. III, Fig. 8) und vor allem, daß ontogenetisch die Pulpakanäle bei *Spinacidae* allmählich von ihr abgeschnürt werden (MARKERT, S. 692, Taf. 49, Fig. 31, 32; RITTER 1900, S. 37, Fig. 11, 16, 18; KOPPEN 1901, S. 30 ff., Taf. III, Fig. 47, 48). Sehr bedeutungsvoll in dieser Beziehung erscheint ja auch, daß bei *Cestracionidae* und *Spinacidae* diese Zentralhöhle richtunggebend auf den Dentinmantel einwirkt, indem das Manteldentin nur z. T. noch konzentrisch um seine Pulpakanäle geschichtet ist, in den innersten Teilen aber und speziell dort, wo es nur noch in den erwähnten Spuren vorhanden ist, konzentrisch um die Zentralhöhle. Diese spielt also offenbar doch wesentlich die Rolle einer Pulpahöhle, deren periphere Teile durch Entstehen von verkalkten Dentinbälkchen zu Trabekulardentin werden.

Im Kronenteile der Stacheln wird nun die sehr weite Zentralhöhle ontogenetisch allmählich verengt durch ein von ihr aus abgeschiedenes, also wesentlich um sie konzentrisch geschichtetes Dentin, das sich der Innenfläche des Mantels innig anschmiegt und selbst ursprünglich weite, radiär laufende Pulpakanäle desselben ausfüllt, wie die von mir bei *Asteracanthus* nachgewiesenen Zapfen dieses sekundären Dentins zeigen (Taf. III, Fig. 4b). Dieses Stammdentin ist, wenn wie bei den *Hybodontidae* in ihm radiäre, wesentlich wagrechte Pulpakanäle die Hauptrolle spielen, dem Plicidentin devonischer *Dendrodus*-Zähne gleich, aber schon im Paläozoikum spielen in der Regel daneben radiäre Dentinbäumchen eine große Rolle. Solches Plicidentin ist schon im Obersilur und dann von der Trias bis zur mittleren Kreide bei den *Hybodontidae* nachgewiesen. Die Verhältnisse bei den devonischen bis permischen *Acanthodi* aber kann man so auffassen, daß es hier nicht rings um die Zentralhöhle, sondern nur im vordersten Sektor vorhanden ist, wobei die radiären Pulpakanäle statt wagrecht schräg aufwärts verlaufen und infolge der hier völligen Rückbildung des Trabekulardentinmantels vorn außen münden.

Bei den permischen *Pleuracanthidae* aber traten die radiären Pulpakanäle an Zahl sehr gegen die radiären Dentinröhrchen zurück, ebenso bei den obertriassischen und jurassischen *Holocephali* (Textfig. 12, S. 43 und 11, S. 41). Dies sind Übergänge zu den moderneren Formen, wo die radiären Pulpakanäle des Stammdentins völlig fehlen, so daß hier ein Pulpadentin vorliegt, in welchem meistens Dentinbäumchen, selten wenig verzweigte Primitivröhrchen alleinherrschen. Dieser Zustand ist nicht nur bei den känozoischen *Holocephali* (Taf. III, Fig. 12) und *Spinacidae* (Textfig. 8, S. 36) erreicht, sondern bei den *Cestracionidae* schon im oberen Jura (Taf. III, Fig. 10, 11a). Bei all diesen ist aber, wie erwähnt, der ursprüngliche Trabekulardentinmantel'an der Wurzel und der Rückseite der Krone fast völlig, an den Flanken der Krone besonders bei *Chimaera* sehr stark und auch an der Vorderkante mehr oder minder stark rückgebildet. Daher kommt es, daß bei ihnen der Stachel wesentlich aus dem Stammdentin, d. h. aus Pulpadentin aufgebaut ist. In ihm sind ursprünglich ziemlich reich verzweigte Dentinbäumchen vorhanden, bei höheren Entwicklungen treten diese aber teilweise, so bei *Cestracion* (Taf. III, Fig. 11a), oder ganz, wie bei *Ischyodus* und *Chimaera* (Taf. III, Fig. 2 und 12), zurück gegen sehr wenig verzweigte oder nur gegabelte, feine Dentinröhrchen, so daß man von einem „dendroiden" und „Orthopulpadentin" mit Übergängen zwischen beiden sprechen kann.

Die Ontogenie der Stacheln, die allerdings nur bei wenigen *Spinacidae* untersucht ist, scheint nun dieser hier angenommenen Entwicklung zu widersprechen. Denn bei ihr legt sich das Stammdentin getrennt vom Mantel und etwas vor ihm an (MARKERT 1896, S. 686 ff., Fig. 18 ff.). Diese Umkehr in der ontogenetischen Entwicklung gegenüber der phylogenetischen erscheint mir aber deshalb nicht gegen letztere beweisend, weil bekanntlich Organe oder Gewebe, die bei dem erwachsenen Tiere besonders mächtig sind, früher und rascher sich ontogenetisch entwickeln als andere. Das ist ja bei dem Stammdentin gegenüber dem Mantel gerade bei *Spinacidae* in ausgesprochenem Maße der Fall. Hier liegt also ein vorzügliches Beispiel dafür vor, daß die bei Anatomen und Embryologen so verbreitete alleinige Berücksichtigung ontogenetischer Befunde irre führt, und daß erst die extensive Methode der Untersuchung ähnlicher Verhältnisse in einer möglichst großen Anzahl von Tiergruppen unter Berücksichtigung von deren Systematik und vor allem des zeitlichen Auftretens eine Korrektur der Spezialisationen moderner Formen erlaubt.

Die Grenze zwischen Stamm- und Manteldentin liegt nach allem demnach nicht an den von den Anatomen angenommenen Stellen (S. 35/6), sondern zwischen den Außenenden der zentrifugalen und zentripetalen Dentinröhrchen und es ist der Mantel keineswegs einer Plakoidschuppe homolog. Dagegen können die Hakenzähnchen der Stachelrückseite bei *Hybodontidae* und *Holocephali* sehr wohl Plakoidschuppen entsprechen, haben sie ja doch deren Form und Struktur (Taf. I, Fig. 19d; Taf. II, Fig. 1c; Taf. III, Fig. 6).

Man könnte aber auch daran denken, die Oberflächenskulptur der Kronenflanken der *Hybodontidae* von Plakoidschuppen abzuleiten, zunächst die Höckerchen von *Asteracanthus* deren Sockeln gleichzusetzen, welchen sie ja in Form und Struktur (wirres Trabekulardentin, Taf. III, Fig. 5) gleichen, und durch Verschmelzen von senkrechten Reihen der Höcker die Leisten und Rippen der *Hybodus*-Stacheln hervorgegangen sein lassen. Es fehlen aber für diese Hypothese nicht nur die Beweise aus der Ontogenie, sondern vor allem spricht das zeitliche Auftreten der Skulpturarten dagegen; *Asteracanthus*-Stacheln treten nämlich verhältnismäßig spät auf, erst zur Jurazeit, und es ist weder etwas darüber bekannt, daß die Höcker der geologisch älteren noch Reste der Krone der Plakoidschuppe trügen, noch daß gerade die der geologisch jüngeren zur Verschmelzung zu Leisten neigten. Vor allem sind *Hybodus*-artige Stacheln mit Rippenskulptur schon viel früher nachgewiesen als jene, im Obersilur sogar mit allgemeiner Schmelzbedeckung (ROHON 1893, Taf. II, Fig. 58). Da Vorläufer der obersilurischen Flossenstacheln noch nicht gefunden worden sind, läßt sich leider vom paläontologischen Standpunkt aus über ihre Entwicklung nichts aussagen. Auch bei *Nemacanthus* liegt näher anzunehmen, daß die Höckerchen wie die Vorderkante Reste einer einst allgemeinen Schmelzdecke tragen, als daß erstere aufgewachsene Plakoidschuppen sind.

Es muß jedoch zum Schlusse ausdrücklich betont werden, daß sich solche Stacheln bei verschiedenen Gruppen von *Elasmobranchii* mehrfach und unabhängig von einander gebildet haben dürften, und daß auch ihre Rippenskulptur wie ihre Struktur mehrfach entstanden sein wird. Trotzdem scheint mir von Bedeutung, daß auch bei diesen Stacheln Erscheinungen, die bei den Zähnen von Wirbeltieren öfters eine allgemeine Rolle spielen, nämlich Rückbildung der Schmelzbedeckung und Zurücktreten des Trabekulardentins oder Plicidentins zu Gunsten von Pulpadentin, nunmehr nachgewiesen sind und zwar bei dem Plicidentin sogar mit bisher unbekannten Übergangsformen. Genauere Untersuchung der Struktur und vor allem der Ontogenie der Stacheln rezenter *Cestracionidae* und *Chimaeridae* und Strukturuntersuchungen vieler paläozoischer Stacheln sind aber noch nötig, um den Nachweis zu erhärten und vieles zu ergänzen.

Die hier angestellten Vergleiche genügen aber, um die **Versuche einer auf die Stacheln begründeten Systematik** wenigstens bezüglich der käno- und mesozoischen wesentlich zu ergänzen. Derartige Versuche sind deshalb sehr wichtig, weil ganze Körper fossiler *Elasmobranchii* äußerst selten sind und man in der Regel auf vereinzelte Zähne, Wirbel und Flossenstacheln angewiesen ist. Man muß deshalb aus diesen möglichst viel wissenschaftlich herauszuholen bestrebt sein. Ich glaube im folgenden beweisen zu können, daß den Flossenstacheln ein viel größerer Wert für Systematik und Stammesgeschichte zukommt, als insbesondere HASSE (1879, S. 50) und A. SMITH WOODWARD (1889, pp. 250, 307; 1891, p. 92 ff.) annahmen.

In der Gegenwart sind leider nur die *Spinacidae* (= *Squalidae*) formenreich genug, um über die systematische Bedeutung der Stacheln sicheren Aufschluß zu gewähren. Nach der Literatur erscheinen sie aber hierin sehr wichtig. Denn REGAN (1908) verwendet das Vorhandensein oder Fehlen der zwei Rückenflossen-Stacheln zur Unterscheidung von Gattungen oder Gruppen von solchen, ebenso für Gattungen, ob sie groß, klein oder rudimentär sind, und innerhalb der Gattungen *Centrophorus* und *Centroscymnus*, ob sie stark oder nicht aus den Flossen herausragen.

Auch das Verhältnis der 2 Stacheln zu einander erscheint systematisch im Kleinen brauchbar, denn nach MÜLLER und HENLE (1841, S. 89, 90) sind beide bei *Centrophorus granulatus* gleich hoch, während bei *C. squamosus* der hintere höher ist; bei *Oxynotus centrina* ist der vordere Stachel sehr stark, der hintere weniger rückgeneigt (a. a. O., S. 87) und überdies der vordere höher (RITTER 1900, S. 56). Bei *Squalus* (*Spinax*) *acanthias* aber ist umgekehrt der hintere Stachel, wenigstens in seinem frei aufragenden Teile höher (RITTER 1900, S. 56). Wie oben (S. 37) schon erwähnt, ist ferner auch das Verhalten des Schmelzes zur Unterscheidung von Gattungen der *Spinacidae* wichtig. Endlich ist auch die Form im Kleinen brauchbar, indem nach MÜLLER und HENLE (1841, S. 84/5) und REGAN (1908) *Squalus uyatus Raf.* vorn am Stachel eine Leiste und jederseits eine tiefe Furche besitzt, die anderen *Squalus*-Arten jedoch einfach dreiseitige, hinten konkave Stacheln ohne Furche und Leiste haben. Seitliche Furchen haben aber nach MÜLLER und HENLE auch die Stacheln von *Spinax niger* (S. 86) und bei 2 Arten von *Centrophorus* (S. 89, 90). Endlich erwähnen letztere (S. 89, 90), daß *Centrophorus granulatus* seitlich zusammengedrückte, *C. squamosus* dreiseitige Stacheln besitze. Geschlechtsunterschiede der Stacheln werden nirgends erwähnt, wohl aber sollen Stacheln junger Tiere spitziger, scharfkantiger und an den Seiten weniger gerundet sein und an den Stachelspitzen Abnützungsspuren erkennbar (MARKERT 1896, S. 669).

All dies spricht entschieden dafür, daß auch bei anderen Familien die Stacheln doch besser systematisch brauchbar sind, als es oben (S. 23/4) erschien und als speziell A. SMITH WOODWARD (1889, p. 250, 307) bei *Hybodontidae* angenommen hat. JAEKEL (1890) hat aber den Versuch gemacht, die Stacheln auch im Großen einzuteilen und dafür mit Recht den wagrechten Kronenquerschnitt bevorzugt, leider aber die Struktur nur wenig mitverwertet. Ich kann nun seine Ergebnisse nicht nur im wesentlichen bestätigen, sondern auch in wichtigen Punkten ergänzen, wobei ich mich aber fast ganz auf die zweiseitig symmetrischen Stacheln des Meso- und Känozoikums beschränken muß. Dies erscheint um so nötiger, als darüber zwischen A. SMITH WOODWARD (1891 a) und JAEKEL (1892) eine scharfe Polemik entstanden ist.

Was zunächst den *Trygoniden*-Typ JAEKELS (1890, S. 125/6) anlangt, so sind wir über Form, Struktur und Ontogenie der Schwanzstacheln durch neuere Arbeiten gut unterrichtet (BENDA 1882, S. 247/8, Taf. 16, Fig. 1—5; JAEKEL 1894, S. 121/2, Fig. 21 und besonders RITTER 1900, S. 17—28, Fig. 1—10, 24—28). Sie sind schlank, schräg nach hinten oben gerichtet und ein wenig aufgebogen, basal breit und laufen allmählich spitz zu. Ihre deutlich bis sehr wenig gewölbte Vorderseite besitzt eine mediane oder mehrere, meist V-förmige Längsfurchen, die dünnen Seitenränder tragen je eine Längsreihe basalwärts gerichteter Zähnchen, die Rückseite endlich ist stets stark gewölbt, daneben gewöhnlich aber mit je einer U-förmigen Längsfurche versehen. Der bezeichnende mittlere Querschnitt (Textfig. 14, S. 47) ist infolge der Abplattung immer deutlich breiter als dick. Eine Zentralhöhle fehlt völlig; die Stacheln bestehen nur aus ziemlich regelmäßigem Trabekulardentin, aber vorn und seitlich ist Plakoinschmelz vorhanden.

Solche Stacheln, die mit Flossen nichts zu tun haben, kommen nur bei *Myliobatidae* und den ihnen nahestehenden *Trygonidae* vor und sind vor dem Tertiär noch nicht sicher nachgewiesen, obwohl seltene Zähne der ersteren schon in der Kreide gefunden sind (S. 33/4). Die nähere Bestimmbarkeit dieser Stacheln ist noch nicht nachgeprüft, trotzdem werden sie oft mit Gattungs- und sogar Artnamen belegt.

Den *Chimaeriden*-Typ JAEKELS (1890, S. 123, Fig. 3) habe ich nachgeprüft (S. 39 ff., Taf. III, Fig. 2, 12). Es handelt sich um den Rückenflossenstachel von *Holocephali*, dessen Knorpelstab in einer Art Gelenk etwas beweglich ist (EGERTON 1871, pp. 277/8, Taf. 13, Fig. 1, 3). Der Stachel ist allermeist sehr schlank und ein wenig rückgebogen. Sein mittlerer Querschnitt (Textfig. 10, 11 und 12, S. 40 ff.) ist wohl im allgemeinen dreieckig, wechselt aber ziemlich stark. Denn bald ist der Stachel sehr wenig seitlich abgeplattet, wie bei *Chimaera* (Taf. III, Fig. 12), *Acanthorhina* (E. FRAAS, 1910, S. 58, Taf. III, Fig. 1)[1] und *Myriacanthus* (JAEKEL 1892, Fig. 2c), bald wie bei andern jurassischen Formen, *Ischyodus* und *Chimaeropsis* (Taf. III, Fig. 2; RIESS 1887, S. 26, Taf. III, Fig. 9) ziemlich stark. Die Vorderkante ist bald besonders scharf oder mit Stacheln besetzt, bei *Ischyodus* und anscheinend auch bei *Acanthorhina* aber gerundet, die Flanken sind etwas bis kaum gewölbt und nur bei einigen jurassischen Gattungen (*Myriacanthus* und *Chimaeropsis*) mit Höckerskulptur versehen, die zwei hinteren Kanten sind mit je einer Zähnchenreihe besetzt, bei *Chimaeropsis* aber sind diese nicht nachweisbar. Die Rückseite ist meistens konkav, bei *Myriacanthus* aber manchmal konvex (AGASSIZ III, Taf. 6, Fig. 3, 4.) Der Wurzelteil endlich scheint stets sehr niedrig zu sein und die Zentralhöhle, die den Knorpelstab enthält, nur tief unten offen.

Nemacanthus AG. (Textfig. 12, S. 43), im Jura und schon in der Trias Europas verbreitet, gehört entgegen der Ansicht JAEKELS (1892, S. 2, Fig. 1a und 1894, S. 138) zweifellos zu diesem Typus (WOODWARD 1891a, p. 423), denn entgegen der von ihm gegebenen Querschnittfigur besitzt er vorn wie manche *Holocephali* eine besondere Kante und entlang seinen hinteren Kanten je eine Zähnchenreihe (AGASSIZ III, p. 25, Taf. 7, Fig. 10—15; ETHERIDGE 1871a, Taf. II, Fig. 1, 2; DAVIS 1881, Taf. 22, Fig. 4), welch letztere allerdings bei den etwas abgerollten Stücken aus dem rhätischen Bonebed Württembergs höchstens in Spuren (Sockeln) erhalten sind, so daß QUENSTEDT (1858, S. 34, Taf. II, Fig. 13a, b; ENDLICH 1870, S. 15, Taf. I, Fig. 60, 61) sie nicht fand und auch JAEKEL sie offenbar übersah.

Wie in der Form, so finden sich auch in der Struktur bei diesem Typ bedeutende Unterschiede, die aber auf gesetzmäßiger Entwicklung beruhen dürften. Bei den geologisch ältesten triassischen und jurassischen Formen nämlich bestehen die Stacheln hauptsächlich aus regelmäßigem Trabekulardentin, ja bei der ältesten Form, *Nemacanthus*, sind sogar noch Reste einer schmelzartigen Deckschicht an der Vorderkante und an den Höckern der

---

[1] Da die Originale der von E. FRAAS (1910) beschriebenen *Holocephali* aus dem oberen Lias Württembergs an Herrn Geheimrat JAEKEL ausgeliehen waren, verdanke ich diesem Mitteilungen über deren Stacheln.

Krone vorhanden (Textfig. 12, S. 43). Das Trabekulardentin ist schon bei diesen verschieden ausgebildet, bei *Nemacanthus* in den vorderen zwei Dritteln in einen sehr lockeren Zentralteil und in eine Außenzone mit engen Pulpakanälen differenziert und sehr mächtig entwickelt, hinten aber anscheinend nur schwach, bei *Ischyodus* aber (Textfig. 11, S. 41) ist es gerade hinten am stärksten entwickelt und nicht weiter differenziert. Es wird dann bei geologisch jüngeren Formen wahrscheinlich allmählich so rückgebildet, daß es bei *Chimaera* (Textfig. 10, S. 40) nur noch am Vorderrand mäßig dick vorhanden ist, im übrigen aber nur in rudimentärem Zustande als dünner Mantel mit zentripetalen Dentinbäumchen. Dafür gewinnt das Stammdentin, das um die recht verschieden gestaltete Zentralhöhle konzentrisch geschichtet ist, an Bedeutung, denn, während es bei *Nemacanthus* kaum ein Drittel des Kronenquerschnittes einnimmt, bildet es bei *Ischyodus* schon über die Hälfte und bei *Chimaera* die Hauptmasse des ganzen Stachels. Zugleich ändert sich sein Bau, denn bei ersteren beiden enthält es noch einige radiäre Pulpakanäle, wohl als Rest seiner ursprünglichen Plicidentinstruktur, bei *Chimaera* aber keine mehr, und bei *Nemacanthus* ist es von ziemlich starken, spitzwinkelig verzweigten, zentrifugalen, radiären Dentinbäumchen durchzogen, bei *Ischyodus* aber wesentlich und bei *Chimaera* nur von feinen, wenig oder sehr wenig unter sehr spitzen Winkeln verzweigten. Es sind hier also Übergänge von Plicidentin zu normalem Pulpadentin und von dendroiden zu Orthodentin nachgewiesen. Systematisch erscheinen diese Stacheln der *Holocephali* ihrer Form, Verzierung und Struktur nach zur Unterscheidung von Gattungen sehr gut brauchbar, vielleicht auch zu der von Arten.

Bei dem *Cestracioniden*-Typ JAEKELS (1890, S. 121, Fig. 2) handelt es sich um je zwei Rückenflossenstacheln, die beide ziemlich gleich steil und unbeweglich stehen, etwas rückgeneigt und rückgebogen und wenig seitlich komprimiert sind. Ihre Wurzel ist hoch, ebenso der hintere Schlitz, der sich in der Krone zur Zentralhöhle schließt, die einen Flossenknorpelstab enthält. Zähnchen fehlen und eine Skulptur ist höchstens ganz schwach. Der bezeichnende mittlere Kronenquerschnitt (Textfig. 9, S. 38) ist dreieckig mit gerundetem Vordereck, schwach gewölbten Flankenseiten und breiter, schwach konkaver Rückseite ohne Zähnchen oder Höcker.

Nach meinen, allerdings nur bei dem rezenten *Cestracion* und oberstjurassischem *Paracestracion* ausgeführten Strukturuntersuchungen (S. 37 ff., Taf. III, Fig. 10, 11) bestehen Wurzel und Krone wesentlich aus Pulpadentin, das konzentrisch um die Zentralhöhle geschichtet ist und zentrifugale radiäre Dentinbäumchen enthält, aber keine Pulpakanäle. Das Manteldentin ist stark rückgebildet, nämlich an der Wurzel und Kronenrückseite nur noch als um die Zentralhöhle konzentrisch geschichtetes Dentin von geringer Dicke mit kurzen zentripetalen Dentinbäumchen vorhanden, in der Krone aber außerdem an den drei Kanten und den Flanken als regelmäßiges, mit Plakoinschmelz umkleidetes Trabekulardentin, das nur an der Vorderkante noch etwas verdickt ist.

Die Stacheln aus der oberen Kreide, welche AGASSIZ (III, p. 62, Taf. 10 b, Fig. 8—14) unter dem Namen *Spinax major* beschrieb, gehören wohl teils zu *Cestracion*, teils zu *Synechodus*; es erscheint aber hier wie überhaupt bei diesen Stacheln sehr fraglich, ob sie systematisch näher bestimmbar sind.

Wesentlich besser steht es in dieser Beziehung mit den Rückenflossenstacheln, welche die Mehrheit der *Spinacidae* (=*Squalidae*) besitzt, wie ich auf S. 52 ausgeführt habe. JAEKEL a. a. O. hat sie mit Recht zu dem *Cestracioniden*-Typ gestellt, wohin sie nach Form und Struktur gehören (Textfig. 8, S. 36). Nur ist hier das Trabekulardentin auch in der Vorderkante nur noch einschichtig dünn und der Schmelz in allen Stadien der Reduktion anzutreffen, womit zusammenhängt, daß manchmal auch die Kronenflanken konkav sind.

JAEKEL zählt jedoch auch oberjurassische *Rhinobatidae* hieher. Was *Spathobatis bugesiacus* THIOLL. anlangt, so kann ich weder in den Abbildungen der prächtigen Reste von Cerin (THIOLLIÈRE 1854, Taf. I, II) noch an drei sehr gut erhaltenen, hiesigen Resten von Eichstätt etwas von rudimentären Flossenstacheln finden; auch WOODWARD (1889b, p. 395) hat von dem schönen im British Museum befindlichen Exemplar ausdrücklich erwähnt, daß es keine Stacheln besitze. Bei *Belemnobathis Sismondae* THIOLLIÈRE (1854, p. 9, Taf. III, Fig. 2 und 1873, Taf. I, Fig. 1) aber sind in der Tat auf dem Schwanze zwei stark rückgeneigte Stacheln abgebildet und kurz beschrieben, aber sie stehen nicht mit Rückenflossen in Beziehung, und es läßt sich nicht feststellen, daß sie einem verkümmerten *Cestracioniden*-Typ entsprechen. Bei dem hier befindlichen Originale H. v. MEYERS (1859, S. 10, Taf. I, Fig. 1) von *Asterodermus platypterus* AG. aus Kehlheim endlich, konnte ich die zwei kleinen, auf dem Schwanze befindlichen Stacheln etwas nachpräparieren. Beide sind ungefähr gleich stark rückgeneigt, der vordere ist gerade, der hintere schwach vorgebogen. Skulptur oder Zähnchen fehlen; sie sind nicht sehr spitz und etwa zigarrenförmig, d. h. allseits abgerundet, im Querschnitte also ungefähr kreisförmig. Von einem hinteren Schlitz, einem Zusammenhang mit Rückenflossen und von der Struktur ist nichts nachzuweisen. Jedenfalls entsprechen sie in ihrer Form und speziell in ihrem Querschnitte weder dem *Trygoniden*-noch dem *Cestracioniden*-Typ und es muß weiteren Forschungen vorbehalten bleiben, diese Stacheln von *Rhinobatidae* richtig einzureihen.

Der *Hybodontiden*-Typ endlich, von JAEKEL (1890, S. 122) überflüssigerweise *Acrodonten*-Typ genannt, ist oben von mir genau beschrieben (S. 43 ff., Taf. II, Fig. 1—4, Taf. III, Fig. 4—9, Taf. I, Fig. 18, 19). Von den zwei offenbar unbeweglichen Rückenflossenstacheln ist der vordere anscheinend stets viel stärker rückgeneigt als der hintere, sonst aber kaum verschieden. Die Stacheln sind wenig bis mäßig rückgebogen, stets etwas bis deutlich seitlich platt, mehr oder weniger schlank, wobei in der Mitte der Höhe ihr Sagittaldurchmesser am größten ist. Die Wurzel ist nicht niedrig und die Zentralhöhle, die wohl sicher einen Flossenknorpelstab enthielt, bis etwa zur Mitte der Gesamthöhe hinten offen. Die Krone ist vorn und auf den Flanken stets mit Längsleisten (*Hybodus*, *Leiacanthus*) oder Höckerchen (*Asteracanthus*) verziert, die in Längsreihen angeordnet sind. Der Vorderrand ist gerundet, die Flanken sind wenig bis deutlich gewölbt und die Rückseite der Krone ist durch einen Medianlängsrücken so geteilt, daß der bezeichnende mittlere Querschnitt gerundet vierseitig ist (Textfig. 13, S. 44). Auf dem hinteren Rücken sind endlich zwei gegen die Spitze zu sich vereinigende Längsreihen abwärts gekrümmter Zähnchen vorhanden (bei dem triassischen *Leiacanthus* wohl nur abgerieben, so daß er von *Hybodus* nicht verschieden ist).

Schmelz fehlt, Trabekulardentin bildet die Zahnsockel und die Skulpturen sowie in ziemlich regelmäßiger Anordnung die ganze Wurzel und etwa die äußere Hälfte der Krone. Nur die Hakenzahnkronen bestehen aus Pulpadentin und das Kroneninnere aus Plicidentin.

Ob zu diesem Typ der Stachel der permischen *Wodnica arcuata* MÜNSTER (1843, S 48/9, Taf. I, Fig. 1a, d) gehört, wie JAEKEL (1890, S. 122) annahm, erscheint mir nach der Prüfung des hier befindlichen Originals unsicher, weil die Rückseite flach und ohne Medianrücken zu sein scheint. Wenn die Angabe von A. Smith Woodward (1891, p. 97/8) richtig ist, daß die Rückseite der karbonischen *Ctenacanthus* platt bis konkav und daß jeder Rand mit Zähnchen besetzt sei, also *Chimaeriden*-artig, würde auch deren Zugehörigkeit mindestens sehr fraglich sein. Aber nach dem Querschnitte von *Ct. tenuistriatus* Ag., den Agassiz (III, Taf. III, Fig. 11) und Jaekel (1892, S. 2, Fig. 1b) abbilden, handelt es sich wenigstens z. T. um typische *Hybodontiden*-Stacheln, deren Zähnchen auf dem hinteren Medianrücken sitzen, und bei *Ctenacanthus costellatus* Traquair (1884, Taf. II, Fig. 1) ist auch die typische starke Rückneigung des vorderen Stachels nachgewiesen. Schon aus Mangel an Material will ich aber auf die paläozoischen Stacheln nicht weiter eingehen.

Was die Bestimmbarkeit der Stacheln vom *Hybodontiden*-Typ anlangt, so scheinen sie zur generischen Bestimmung gut brauchbar zu sein, ihre spezifische ist aber zum mindesten sehr schwierig.

Ob und wie die Stacheln der verschiedenen, hier beschriebenen Typen von einander abzuleiten sind, ist bei dem jetzigen Stande der Kenntnisse nur teilweise und auch hier nicht sicher zu entscheiden. Denn nur zu wenige fossile Stacheln sind in natürlicher Stellung an ganzen Körpern gefunden und vor allem die paläozoischen in ihrer Struktur meistens nicht genau untersucht.

Die *Trygoniden* und *Myliobatiden*-Stacheln dürften gemeinsam aus vergrößerten Plakoidschuppensockeln und wohl nicht vor der Kreidezeit entstanden sein. Sie haben nichts mit Flossenstacheln zu tun. Für die Sägezähne oder Stacheln der *Pristidae* habe ich ja eine derartige Entstehung für die ungefähr gleiche Zeit erwiesen (1917, S. 23/4). Für die Schwanzstacheln der auf der vorigen Seite erwähnten oberjurassischen *Rhinobatidae* gilt wahrscheinlich das gleiche.

Von den Rückenflossenstacheln aber gehen die der *Holocephali* vielleicht über triassische *Nemacanthus* auf paläozoische zurück, die in ihrer Struktur *Onchus*-artig sind, d. h. wesentlich aus ziemlich regelmäßigem Trabekulardentin aufgebaut, an der Krone aber noch mit Schmelzdeckschicht und innen um die Zentralhöhle mit Plicidentin ausgestattet.

Bezüglich der *Cestracionidae* ergeben meine Untersuchungen der Flossenstacheln eine sehr wichtige Bestätigung der Ansicht, daß sie völlig von den *Hybodontidae* zu trennen sind. Dies hat zuerst Zittel (1890, S. 66 und 74) und Jaekel (1894, S. 137/8) getan, Campbell Brown (1900, S. 173/4) in einer sorgfältigen Arbeit bestätigt und Koken (1907, S. 271) erhärtet, was nicht verhindert hat, daß Woodward (1916, p. 3), Goodrich (1909, p. 145/6) und Priem (1908, p. 3) später immer noch alle unter *Cestracionidae* vereinigten. Die gleichartig steile Stellung beider Stacheln, deren Form (dreieckiger Querschnitt mit konkaver Rückseite ohne Zähnchen, ohne oder nur mit sehr schwacher Skulptur) und Struktur (Schmelz, sehr schwaches Manteldentin, wesentlich Pulpadentin) ergeben sämtlich scharfe Unterschiede von den *Hybodus*-Stacheln und die noch gute Schmelzbedeckung der Kronenflanken und Kanten beweist überdies, daß die *Cestracionidae* nicht etwa von *Hybodontidae* stammen, sondern von paläozoischen *Plagiostomi*, deren Schmelz die Stacheln noch umkleidete. Auch hier könnten in der Struktur und Form *Onchus*-artige Stacheln als Vorläufer in Betracht kommen, bei welchen dann allmählich der Schmelz etwas, der Mantel von Trabekulardentin und die Skulptur stark und die radiären Pulpakanäle des Plicidentins völlig rückgebildet wurden.

Brown (1900, S. 173/4) ließ nun die *Spinacidae* aus mesozoischen *Cestracionidae* hervorgehen, während Goodrich (1909, p. 124) beide Familien bis in das Devon zurück getrennt erachtete. Was ich auf S. 35 ff., 48 ff. und 54 über deren Rückenflossenstacheln ausgeführt habe, ebenso auch das späte Auftreten von *Spinacidae* zur Zeit der oberen Kreide paßt nun vorzüglich zu Browns Ansicht, denn man kann ihre Stacheln als in Rückbildung befindliche *Cestracioniden*-Stacheln ansehen. Die sonstigen morphologischen Verhältnisse scheinen mir zum mindesten keine Schwierigkeiten dafür zu bilden, so der Verlust einer Afterflosse, das Auftreten eines Rostrums am gleichfalls hyostylem Schädel und die Umgestaltung der Zähne aus Trabekulardentin-Höckern mit Wurzelsockel zu großenteils schrägen, platten Schneiden oder Spitzen aus Pulpadentin mit platter und manchmal zweihörniger Wurzel, von welchen Zähnen nur eine Generation gleichzeitig funktioniert. Allerdings sind die Wirbel der *Cestracionidae* asterospondyl (Hasse 1882, S. 183 ff.), die der *Spinacidae* cyklospondyl oder noch weniger verkalkt (Hasse 1882, S. 55 ff.). Man braucht aber deshalb nicht sekundären Rückgang der Verkalkung anzunehmen, worauf schon Brown (a. a. O.) mit Recht hingewiesen hat, denn E. Fraas (1896, S. 19—21, Taf. II, Fig. 12—14) hat bei einem oberliassischen *Palaeospinax* die Wirbel noch fast cyklospondyl gefunden und bei geologisch älteren *Cestracionidae* waren sie ziemlich sicher noch weniger verkalkt. Ob der oberstjurassische *Protospinax* (Woodward 1919, pp. 232—235) ein Vorläufer der *Spinacidae* war, erscheint mit fraglich, da seine Wirbel tektospondyl sein sollen. Die Struktur und der Querschnitt seiner zwei Rückenflossenstacheln sind leider unbekannt.

Was die *Rhinobatidae* anlangt, so glaubte Jaekel (1894, S. 95) sie mit *Spinacidae* in Verbindung bringen zu müssen, wobei ihn gerade das Vorhandensein von Stacheln bei geologisch ältesten *Rhinobatidae* stark beeinflußt hat. Wie auf S. 55 ausgeführt wurde, haben diese Stacheln aber kaum etwas mit Flossenstacheln zu tun und vor allem sind ja die *Spinacidae* erheblich jünger als die Gruppe, die Jaekel von ihnen ableiten will.

Die *Hybodontidae* endlich scheinen mir ein in vielem (Schädelbau, unverkalkte Wirbelkörper, Trabekulardentin-Höckerzähne auf Wurzelsockeln in mehreren Generationen zugleich funktionierend, Rückenflossenstacheln wesentlich aus Trabekulardentin und etwas Plicidentin) sehr konservativer Zweig primitiver, paläozoischer *Plagiostomi* zu sein, der ohne Abgabe von Seitenästen nur bis in die mittlere oder obere Kreide reicht. Ihre Flossenstacheln lassen sich unschwer von *Onchus*-artigen durch völligen Verlust der Schmelzdecke und Rückbildung der Skulptur der Kronenrückseite ableiten. Es bedürfte genauer Untersuchung reichen paläozoischen Materiales, das mir hier in viel zu beschränktem Maße zur Verfügung steht, und Nachprüfung der wichtigsten beschriebenen Formen des Paläozoikums, um über die Abstammung dieser Familie wie natürlich auch der *Cestracionidae* und *Holocephali* mit einiger Sicherheit urteilen zu können. Hier konnte und wollte ich ja nur eine Vorarbeit leisten und bezüglich der meso- und känozoischen Formen manches klären.

58

Zusammenfassung der Ergebnisse.

1. Die Bestimmung der *Plagiostomen*-Reste der Bahartje-Stufe, bis auf *Onchopristis* fast nur einzeln gefundene Zähne, Stacheln und Wirbel, bestätigt die Altersfestsetzung als mittelkretazisch und die Gleichsetzung mit der Bellas-Stufe in Portugal und der Djoua-Stufe südlich von Tunesien.

2. Es handelt sich fast nur um wesentlich benthonische Seicht- und wahrscheinlich auch um Brack- und Süßwasserbewohner.

3. *Lamnidae* sind deshalb sehr dürftig vertreten außer einer neuen Art von *Corax*, der ältesten, die in ihren Zähnen gut bekannt ist.

4. Eine neue Art von *Squatina* ist vorhanden.

5. Auffallend häufige, stattliche Rückenflossenstacheln von *Hybodontidae*, zu welchen aber fast keine zugehörigen Zähne gefunden sind, geben zur Aufstellung einer neuen Art von *Asteracanthus* und *Hybodus* Veranlassung, obwohl sich die Stacheln des letzteren als sehr variabel erweisen. Es handelt sich um eine der geologisch jüngsten Arten der beiden Gattungen.

6. Sehr häufig sind Sägezähne und Wirbel, auch Stachelschuppen von *Onchopristis numidus* (HAUG), was eine Ergänzung der Diagnose dieses ältesten *Pristiden* erlaubt. Dagegen sind die Wirbel von *Platyspondylus Foureaui* HAUG äußerst selten.

7. Häufige *Rhinoptera*-artige Pflasterzähnchen und ein *Hypolophites*-ähnlicher Pflasterzahn mit einfachen Sockelwurzeln gehören vielleicht Vorfahren der *Myliobatidae* und *Trygonidae* an. Sie wie *Trygon*-ähnliche Zähnchen lassen sich aber nicht genau bestimmen.

8. Als *Strophodus pygmaeus* und *Myliobatis* bestimmte Zähnchen aus der obersten Kreide Ägyptens gehören nicht zu diesen Gattungen.

9. Die Untersuchung und der Vergleich von Form und Struktur meso- und känozoischer Stacheln von *Elasmobranchii* erlaubt deren systematische Bedeutung im Großen und im Kleinen festzustellen und phylogenetische Schlüsse zu ziehen.

10. Nach dem mittleren Querschnitt und der Struktur läßt sich ein *Trygoniden-*, *Chimaeriden-*, *Cestracioniden-* und *Hybodontiden*-Typus im Sinne JAEKELS unterscheiden.

11. Die Schwanzstacheln der *Trygonidae* und *Myliobatidae* und wohl auch die oberjurassischer *Rhinobatidae* haben aber nichts mit Rückenflossenstacheln zu tun. Sie dürften wie die Stacheln (Zähne) der Sägen der *Pristidae* direkt aus Plakoidschuppen hervorgegangen sein.

12. Die Rückenflossenstacheln der *Elasmobranchii* lassen sich wahrscheinlich von *Onchus*-artigen ableiten, die hauptsächlich aus regelmäßigem Trabekulardentin bestehen, an der skulptierten Krone aber eine Decke von Plakoinschmelz besitzen und in ihr radiär gebautes Dentin (Plicidentin), das von der stets vorhandenen Stachelhöhle als Pulpahöhle aus abgelagert wird.

13. Bei den *Holocephali* läßt sich von dem triassischen *Nemacanthus* aus, bei welchem die Schmelzdecke bis auf die Reste an der Vorderkante und auf Höckerchen schon fehlt, und im Plicidentin radiäre Pulpakanäle nur noch in geringer Zahl vorhanden sind, eine allmähliche Strukturänderung bis zu den modernen Formen verfolgen, bei welchen Schmelz völlig fehlt, das Trabekulardentin nur noch an der Vorderkante gut entwickelt ist und die radiären Pulpakanäle so gut wie ganz verschwunden sind,

so daß der Stachel wesentlich aus Pulpadentin mit wenig verästelten Dentinbäumchen besteht.

14. Bei den *Cestracionidae* ist schon zur Jurazeit das Trabekulardentin auf eine dünne Schicht reduziert und der Stachel wesentlich aus Pulpadentin ohne radiäre Pulpakanäle, aber mit verzweigten Dentinbäumchen aufgebaut und eine Kronenskulptur höchstens sehr schwach, dafür aber der Schmelz an der Krone außer hinten erhalten. Sie stehen mit mesozoischen *Hybodontidae* sicher nicht in Beziehung, sind aber wohl die Vorfahren der *Spinacidae*, innerhalb deren der Schmelz, der Rest des Trabekulardentins und die ganzen Flossenstacheln rückgebildet werden.

15. Bei den mesozoischen *Hybodontidae* fehlt gegenüber *Onchus* nur der Schmelz völlig und die Kronenskulptur an der Rückseite fast ganz. Eine weitere Um- oder Rückbildung läßt sich bei ihnen nicht nachweisen; vor allem besteht kein Beweis, daß die *Trygonidae* und *Myliobatidae* von ihnen abstammen.

Literatur-Verzeichnis.

AGASSIZ, L.: Recherches sur les Poissons fossiles. T. 3 und 5, Neuchâtel 1833—45.

AMEGHINO, Fl.: Les formations sédimentaires du Crétacé supérieur et du Tertiaire de Patagonie. Anal. Mus. Buenos Aires, T. 15, Buenos Aires 1906.

BENDA, C.: Die Dentinbildung in den Hautzähnen der Selachier. Arch. mikrosk. Anat., Bd. 20, S. 246—270, Bonn 1882.

BROWN, Campbell: Über das Genus *Hybodus* und seine systematische Stellung. Paläontogr., Bd. 46, S. 149—174, Stuttgart 1900.

CHAPMAN, F. and PRITCHARD, G. B.: Fossil fish remains from the Tertiaries of Australia. Proceed. R. Soc. Victoria, N. S., Vol. 17, pp. 267—297, Melbourne 1904.

CHAPMAN, F.: On the occurrence of the Selachian genus *Corax* in the lower Cretaceous of Queensland Proc. R. Soc. Victoria, N. S., Vol. 21, pp. 452/3, Melbourne 1908.

COPE, Edw. Dr.: Second addition to the history of the fishes of the Cretaceous of the United States. Proc. amer. philos. Soc., Vol. 11, pp. 240—244, Philadelphia 1869.

— Descriptions of some vertebrate remains from the Fort Union beds of Montana. Proc. Acad. natur. Sci. Philadelphia, Vol. 27, pp. 248—61, Philadelphia 1876.

— A contribution to the vertebrate paleontology of Brazil, Proc. amer. philos. Soc. Vol. 23, pp. 1—21, Philadelphia 1885.

DAMES, W.: Fischzähne aus der obersenonen Tuffkreide von Mastricht. Sitz. Ber. Ges. naturf. Freunde, 1881, S. 1—3, Berlin 1881.

DAVIS, J. W.: Notes on the fish-remains of the bonebed of Aust, near Bristol. Quart. Journ. geol. Soc. Vol. 37, pp. 414—426, London 1881.

— On the fossil fishes of the cretaceous formations of Scandinavia. Scient. Trans. R. Dublin Soc., Ser. 2, Vol. 4, pp. 363—434, Dublin 1890.

DESLONGCHAMPS, E. Eudes: Le Jura normand, Paris 1877.

DINKEL H.: Untersuchung der *Squatinen* im weißen Jura Schwabens. Dr.-Diss. philos. Fak. Univ. Tübingen. 78 S., Tübingen 1920.

DIXON F.: The geology and the fossils of the tertiary and cretaceous formations of Sussex, London 1850.

DOLLFUS, A.: La faune kimméridgienne du Cap de la Hève. Paris 1863.

DUNKER, W.: Monographie der norddeutschen Wealdenbildung. Braunschweig 1846.

EGERTON, P. M. G.: Description of a *Hybodus* found by Mr. Boscawen Ibbetson in the isle of Wight. Quart. Journ. geol. Soc. London, Vol. 1, pp. 197—199, Taf. 4, London 1845.

— Figures and descriptions illustrative of british organic remains, Dec. 8, 2 pp., London 1855.

60

EGERTON, P. M. G.: On a new *Chimaeroid* fish from the Lias of Lime Regis. Quart. Journ. geol. Soc., Vol. 27, pp. 275—279, London 1871.

ENDLICH, Fr. M.: Das Bonebed Württembergs. Dr.-Diss. naturw. Fakultät Univers. Tübingen, 28 S., Tübingen 1870.

ENGELHARDT, R.: Monographie der Selachier der Münchener zoologischen Staats-Sammlung. I. Tiergeographie der Selachier. In F. DOFLEIN: Beiträge zur Naturgeschichte Ostasiens. Abh. bayer. Akad. Wiss., math.-phys. Kl., Suppl. Bd. 4, Abh. 3, München 1913.

ETHERIDGE, R.: On the rhaetic beds of Penarth and Lavernock. Field Notes Cardiff Natur. Soc. 1871, 28 pp., Lavernock 1871.

FORIR, H.: Contributions à l'étude du système crétacé de la Belgique, I. Ann. Soc. géol. Belg., T. 14, Mém., pp. 26—56, Lüttich 1887.

FRAAS, E.: Neue Selachier-Reste aus dem oberen Lias von Holzmaden in Württemberg. Jahresh. Ver. vaterl. Naturk. Württ. 1896, S. 1—25, Stuttgart 1896.

— Chimaeridenreste aus dem oberen Lias von Holzmaden. Ebenda 1910, S. 55—63, Stuttgart 1910.

FRITSCH, A.: Fauna der Gaskohle und der Kalksteine der Permformation Böhmens. Bd. 2, Hft. 4, Prag 1889 und Bd. 3, S. 1—74, Prag 1895.

GARMAN, S.: The Plagiostomia. Mem. Mus. compar. Zool. Harvard College, Vol. 36, Cambridge, Mass. 1913.

GOODRICH, E. S.: Cyclostomes and Fishes. In R. LANKASTER: A treatise on Zoology, Pt. 9, Fasc. 1, London 1909.

HAUG, E.: Paléontologie, in FOUREAU, F.: Documents scientifiques de la mission saharienne, mission FOU-REAU-LAMY, T. 2. pp. 751 ff., Paris 1905.

HAY, O. P.: On a collection of upper cretaceous fishes from Mt. Lebanon, Syria etc. Bull. Amer. Mus. natur. Hist., Vol. 19, pp. 395—452, New York 1903.

HASSE, C.: Das natürliche System der Elasmobranchier auf Grundlage des Baues und der Entwicklung ihrer Wirbelsäule. Jena 1879—1882.

HUSSAKOF, L.: Cataloque of the type and figured spezimens of fossil vertebrates in the american museum of natural history, Pt. I Fishes. Bull. amer. Mus. natur. Hist., Vol. 25, pp. 1—103, New York 1908.

JAEKEL, O.: Die Selachier aus dem oberen Muschelkalk Lothringens. Abh. z. geol. Spezialkarte von Elsaß-Lothr., Bd. 3, S. 275—332, Straßburg 1889.

— Fossile Ichthyodorulithen. Sitz. [Ber. Ges. naturf. Freunde, 1890, S. 117—131, Berlin 1890.

— Über die systematische Stellung und über fossile Reste der Gattung *Pristiophorus*. Zeitschr. D. geol. Ges., Bd. 42, S. 86 ff., Berlin 1890 (a).

— Über tertiäre *Trygoniden*. Zeitschr. D. geol. Ges., Bd. 42, S. 365/6, Berlin 1890 (b).

— Über *Dichelodus* Gieb. und einige Ichthyodorulithen, eine Entgegnung an Herrn A. SMITH WOODWARD N. Jahrb. Mineral. usw. 1892 I, S. 1—6, Stuttgart 1892.

— *Hybodus* Ag. Sitz. Ber. Ges. naturf. Freunde, 1898, S. 135—146, Berlin 1898.

— Die eocänen Selachier von Monte Bolca. Berlin 1894.

KIPRIJANOFF, V.: Zweiter Beitrag zu *Hybodus Eichwaldi*. Bull. Soc. I. Natur., T. 28, II, pp. 392—400, Moskau 1855.

— Fisch-Überreste im Kurskschen eisenhaltigen Sandsteine, 3. *Hybodus* Ag. Bull. Soc. I. Natur. T. 26, pp. 331—336, Moskau 1853.

— Dasselbe. Ebenda, T. 56, II, 1881, pp. 1—30, 1882.

KOKEN, E.: Über *Hybodus*. Geol. u. paläont. Abhandl., N. F., Bd. 5, S. 261 ff., Jena 1907.

KOPPEN, H.: Über Epithelien mit netzförmig angeordneten Zellen und über die Flossenstacheln von *Spinax niger*. Dr.-Diss. naturwiss. Fakult. Univ. Jena 1901.

LERICHE, M.: Revision de la faune ichthyologique des terrains crétacés du nord de la France. Ann. Soc. géol. Nord, T. 31, pp. 87—154, Lille 1902.

— Contribution à l'étude des poissons fossiles du nord de la France et des régions voisines. Mém. Soc. géol. Nord, T. 5, Mém. 1, Lille 1906.

— Sur quelques poissons du Crétacé du bassin de Paris. Bull. Soc. géol. France. Sér. 4, T. 10, pp. 455—471, Paris 1910.

LERICHE, M.: Les poissons paléocènes de Landana (Congo). Ann. Mus. Congo belge, Géol. etc., Sér. 3, T. 1, pp. 69—91, Brüssel 1913.

MARCK, VON DER: Fische der oberen Kreide Westfalens. Paläontogr., Bd. 31, S. 233—268, Cassel 1885.

MARIANI, E.: Su alcuni Ittiodoruliti della Creta lombarda. Atti Soc. ital. Sci. natur., Vol. 41, pp. 437—441, Mailand 1903.

MARKERT, F.: Die Flossenstacheln von *Acanthias*. Zool. Jahrb. Abt. Anat., Bd. 9, S. 665—722, Jena 1896.

MEYER, H. v.: *Asterodermus platypterus* aus dem lithographischen Schiefer von Kehlheim. Paläontogr., Bd. 7, S. 9—11, Cassel 1859.

MÜLLER, J. und HENLE, J.: Systematische Beschreibung der *Plagiostomen*. Berlin 1841.

MÜNSTER, G.: Beiträge zur Petrefaktenkunde, Hft. 5, Bayreuth 1842 und Hft. 6, 1843.

OSBORN, H. F. et LAMBE, L: On Vertebrata of the Midcretaceous of the NW Territory. Contrib. canad. Palaeont., Vol. 3, Pt. 2, geol. Surv. Canada, Ottawa 1902.

OWEN, R.: Odontography, London 1840—45.

PICTET, E. J. et CAMPICHE, G.: Description des fossiles du terrain crétacé des environs de Sainte-Croix. Pt. 1, Matériaux Paléont. suisse, Genf 1858—60.

PRIEM, F.: Sur des dents d'Elasmobranches de divers gisements sénoniens. Bull. Soc. géol. France, Sér. 3, T. 25, pp. 40—56, Paris 1897.

— Etude des poissons fossiles du bassin parisien. Ann. Paléont., 1908, Paris 1908.

— Dasselbe, supplément. Ebenda, T. 6, 1911.

— Sur des poissons fossiles des terrains secondaires du sud de la France. Bull. Soc. géol. France, Sér. 4, T. 12, pp. 250—271, Paris 1912.

— Sur des Vertébrés du Crétacé et de l'Eocène d'Egypte. Ebenda, T. 14, pp. 366—382, 1914.

— Les Poissons fossiles. Paléontologie de Madagascar, 12. Ann. de Paléont., T. 13, fasc. 3, pp. 1—28, Paris 1924.

PRONST: Beiträge zur Kenntnis der fossilen Fische aus der Molasse von Baltringen, II. Batoidei. Jahresh. Ver. vaterl. Naturk. Württemberg, 1877, S. 69—101, Stuttgart 1877.

QUAAS, A.: Beitrag zur Kenntnis der Fauna der obersten Kreidebildungen in der libyschen Wüste (Overwegischichten und Blättertone) Paläontogr., Bd. 30, S. 153—334, Stuttgart 1902.

QUENSTEDT, Fr. A.: Der Jura, S. 34, Tübingen 1858.

REGAN, T.: A synopsis of the sharks of the family *Squalidae*. Ann. Mag. natur. Hist, Ser. 8, Vol. 2, pp. 39—57, London 1908.

REIS, O.: Zur Kenntnis der Skelets der *Acanthodinen*, I. Geognost. Jahresh., Jahrg. 3, S. 1—43, Cassel 1890.

— Über *Acanthodes Bronni* AGASSIZ. Morphol. Arbeiten, Bd. 6, S. 143—220, Jena 1896.

REUSS, A. E.: Die Versteinerungen der böhmischen Kreideformation. Stuttgart 1845/6.

RIES, J.: Über einige fossile *Chimaeriden*-Reste im Münchner paläontologischen Museum. Paläontogr., Bd. 34, S. 1—28, Stuttgart 1887.

RITTER, P.: Beiträge zur Kenntnis der Stacheln von *Trygon* und *Acanthias*. Dr.-Diss. philos. Fak. Univ. Rostock, 56 S., Berlin 1900.

RÖSE, C.: Über die verschiedenen Abänderungen der Hartgewebe bei niederen Wirbeltieren. Anatom. Anz. Bd. 14, S. 21—31, 33—69, Jena 1898.

ROHON, V.: Die obersilurischen Fische von Ösel, II. Selachii etc. Mém. Acad. I. Sci's, T. 41, Nr. 5, 124 pp. St. Petersburg 1893.

RÜPPELL, E.: Neue Wirbeltiere zu der Fauna von Abyssinien gehörig. Fische des Roten Meeres. Frankfurt a. M. 1835.

SAUVAGE, H. E.: Vertébrés fossiles du Portugal. Contributions à l'étude des Poissons et des Reptiles du Jurassique et du Crétacé. Lissabon 1897/8.

STROMER, E.: Reptilien- und Fischreste aus dem marinen Alttertiär von Südtogo (Westafrika) Zeitschr. D. geol. Ges., Bd. 62, Monatsber., S. 478—507, Berlin 1910.

— Die Topographie und Geologie der Strecke Gharaq-Baharîje nebst Ausführungen über die geologische Geschichte Ägyptens. Bayer. Akad. Wiss., math.-phys. Kl., Bd. 26, Abh. 11, München 1914.

— Wirbeltier-Reste der Baharîje-Stufe (unterstes Cenoman) 1. Einleitung, Ebenda, Bd. 27, Abh. 3, München 1914 (a).

62

STROMER, E.: Die Säge des *Pristiden Onchopristis numidus* HAUG sp. und über die Sägen der Sägehaie. Wirbeltier-Reste der Baharîje-Stufe 4. Diese Abh., Bd. 28, Abh. 8, München 1917.

— Ein Skelettrest des *Pristiden Onchopristis numidus* HAUG sp. Ebenda 8, Bd. 30, Abh. 6, S. 11—22, München 1925.

THIOLLIÈRE, V.: Description des Poissons fossiles provenant des gisements coralliens du Jura dans le Bugey, I, 26 pp. Paris 1854 und II, 70 pp. Paris 1873.

TRAQUAIR, R. H.: Description of a fossil shark (*Ctenacanthus costellatus*) from the lower carboniferous rocks of Eskdale, Dumfriesshire. Geol. Magaz., Dec. 3, Vol. 1, pp. 3—6, London 1884.

WAGNER, A.: Monographie der fossilen Fische aus den lithographischen Schiefern Bayerns. Diese Abh.. Bd. 9, Abh. 2, München 1861.

WANNER, J.: Die Fauna der obersten weissen Kreide der libyschen Wüste. Paläontogr., Bd. 30, S. 9—156, Stuttgart 1902.

WEBSTER, Th.: Observations on the strata at Hastings, in Sussex. Trans. geol. Soc. London, Vol. 2, pp. 31—44. London 1829.

WILLISTON, S. W.: Some fish teeth from the Kansas Cretaceous. Kansas Univ. Quart., Vol. 9, Ser. A. pp. 27—42, Lawrence 1900.

WOODWARD, A. SMITH: On some remains of the extinct Selachian *Asteracanthus* from the Oxford clay of Peterborough. Ann. Magaz. natur. Hist., Ser. 6, Vol. 2, pp. 336—342, London 1888.

— Cataloque of the fossil fishes in the British Museum, Pt. I Elasmobranchii. London 1889 und Pt. 2, 1891.

— Note on *Rhinobatus bugesiacus*, a Selachian fish from the lithographic stone. Geol. Magaz., Dec. 2, Vol. 6, pp. 394—396, London 1889 (a).

— Armoured palaeozoic Sharks. Geol. Magaz., Dec. 3, Vol. 8, pp. 422—425, London 1891 (a).

— The *Hybodont* and *Cestraciont* sharks of the cretaceous period. Proc. Yorkshire geol. a. polytech. Soc., Vol. 12, Pt. 1, pp. 62—68, York 1891 (b).

— Description of the cretaceous sawfish *Sclerorhynchus atavus*. Geol. Magaz., Dec. 3, Vol. 9, pp. 529—534, London 1892.

— The fossil fishes of the english Chalk. Palaeontogr. Soc., London 1902—12.

— Notes on some upper cretaceous fish-remains from Brazil. Geol. Magaz., Dec. 5, Vol. 4, pp. 193—197, London 1907.

— The fossil fishes of the english Wealden and Purbeck formations. Palaeontogr. Soc. 1915—1917, London 1916—19.

— On two Elasmobranch fishes (*Crossorhinus jurassicus* sp. nov. and *Protospinax annectens* gen. et sp. nov.) from the upper jurassic lithographic stone of Bavaria. Proc. zool. Soc., 1918, pp. 231—235, London 1919.

YABE, H.: Notes on some shark teeth from mesozoic formation of Japan. Journ. geol. Soc. Tokio, Vol. 9, 6 pp., Tokio 1902.

ZITTEL, K. A.: Handbuch der Paläontologie, I, Bd. 3, München 1887—1890.

Anmerkung: MAC FARLANE, John M.: The evolution and distribution of fishes, New York 1923 und UMBGROVE, J. H. F.: Über die obersenone Gattung *Rhombodus*. einen durophagen Stachelrochen. Leidsche geol. med., Tl. II, Lief. 1, S. 15—22, Leiden 1926 konnte ich nicht erhalten.

Erklärung zur Doppeltafel I.

Fig. 1—3: *Squatina aegyptiaca* n. sp. Zähnchen (Nr. 1912 VIII 38) aus der Schicht n des Sockels des G. el Dist. Fig. 1 großes Zähnchen, 4/1, 1a von außen, 1b seitlich, 1c von oben, 1d von unten. Fig. 2 kleines Zähnchen von außen 5/1. Fig. 3 sehr kleines Zähnchen von außen 5/1 (S.7).

Fig. 4: Cfr. *Onchopristis numidus* (Haug) Zähnchen (Nr. 1912 VIII 40) aus der Schicht n des G. el Dist, 8/1, Vorderseite unten. Fig. 4a von oben, 4b von unten (S. 10).

Fig. 5: Cfr. *Hypolophites* Stromer Pflasterzahn (Nr. 1911 XII 7) von dem Fundorte B des G. Mandische, 1/1. Fig. 5a von oben, 5b von außen, 5c von unten (S. 13).

Fig. 6—17: Cfr. *Rhinoptera* Müller einzelne Pflasterzähnchen (Nr. 1912 VIII 44) aus der Schicht n des G. el Dist-Sockels, 1/1. Fig. 6—14, 15a, 16a und 17a verschiedene Zähnchen von oben. Fig. 15b, 16b und 17b die Zähnchen 15, 16 und 17 von innen. Fig. 17c das Zähnchen 17 mit Wurzelsockel von außen (S. 11).

Fig. 18: *Asteracanthus aegyptiacus* n. sp. fast vollständiger Rückenflossen-Stachel (Nr. 1912 VIII 46) aus der Schicht n des G. el Dist-Sockels 1/1. Fig. 18a seitlich, 18b Querschnitt über dem Schlitz, etwas rekonstruiert (S. 17).

Fig. 19: *Asteracanthus aegyptiacus* n. sp. obere Hälfte eines Rückenflossen-Stachels (Nr. 1912 VIII 47) aus der Schicht n des G. el Dist-Sockels. Fig. 19a seitlich 1/1, 19b von hinten 1/1, 19c Querschnitt über dem Unterende des Stückes 1/1, 19d hinteres Hakenzähnchen von hinten 6/1 (S. 17).

Fig. 20: Cfr. *Trygon* Cuvier Zähnchen (Nr. 1912 VIII 45) aus der Schicht n des G. el Dist-Sockels 6/1. Fig. 20a von außen, 20b von innen. 20c von oben, 20d von unten (S. 14).

Fig. 21: *?Scapanorhynchus subulatus* (Ag.) größte Zahnkrone (Nr. 1911 XII 1) aus der Breccie mit Fischresten d des G. el Dist von außen 1/1 (S. 4).

Fig. 22: *Scapanorhynchus subulatus* (Ag.) kleines Zähnchen (Nr. 1912 VIII 31) vom Nordfuße des G. Maghrafe von innen 1/1 (S. 4).

Fig. 23?: *?Lamna appendiculata* Ag. Seitenzähnchen (Nr. 1912 VIII 32) vom Nordfuße des G. Maghrafe von innen 1/1 (S. 4).

Fig. 24?: *Otodus biauriculatus* (Zittel) Mundwinkelzähnchen (Nr. 1922 X 14) vom Nordfuße des G. Maghrafe von innen 1/1 (S. 4).

Fig. 25: *Corax baharijensis* n. sp. größter Zahn (Nr. 1912 VIII 35) 500 m westlich des G. Maghrafe gefunden, von außen 1/1 (S. 5).

Fig. 26, 27: *Corax baharijensis* n. sp. Zähne (Nr. 1912 VIII 37) vom Nordfuße des G. Maghrafe. Fig. 26a vorderer Zahn von außen, 26b von innen 1/1. Fig. 27 seitlicher Zahn von außen 1/1 (S. 5).

Fig. 28—35: *Onchopristis numidus* (Haug) verschiedene Stachelschuppen (Nr. 1912 VIII 41) aus der Schicht n des G. el Dist-Sockels. Fig. 28, 29a, 31a, 32a, 33—35 von oben 1/1. Fig. 29b und 31b die Schüppchen 29a und 31a vergrößert. Fig. 30a Stachelschüppchen seitlich 1/1, 30b dasselbe vergrößert. Fig. 32b Stachelschuppe 32a seitlich 1/1 (S. 16).

Erklärung zur Doppeltafel II.

Fig. 1: *Hybodus Aschersoni* n. sp. Rückenflossen-Stachel, oben und unten unvollständig, Nr. 1912 VIII 50, G. el Dist, NO-Sockel, Schicht n. Fig. 1a und b von hinten und rechts 1/1; Fig. 1c rechter hinterer Haken von hinten etwa 5/1; Fig. 1d Stachelquerschnitt ober dem Schlitz 1/1. (S. 20).

Fig. 2: *Hybodus Aschersoni* n. sp. Rückenflossen-Stachel, Nr. 1912 VIII 48c, G. el Dist, W-Sockel, Schicht n. Fig. 2a Stachel von rechts 1/1; Fig. 2b Querschnitt ober dem Schlitz 1/1. (S. 20).

Fig. 3: *Hybodus Aschersoni* n. sp. Rückenflossen-Stachel, oben und unten unvollständig und etwas verdrückt, Nr. 1912 VIII 47a, G. el Dist S-Sockel, Schicht n. Fig. 3a Stachel von rechts 1/1; Fig. 3b Querschnitt ober dem Schlitz, etwas rekonstruiert 1/1. (S. 20).

Fig. 4: Cfr. *Hybodus* sp. indet. Spitzchen eines Rückenflossen-Stachels, Nr. 1912 VIII 51, G. el Dist, O-Sockel, Schicht n. Fig. 4a Stachelspitze von rechts 3/1; Fig. 4b Querschnitt an derem Unterende 3/1. (S. 20).

Fig. 5, 6: *Heterodonti*, g. et sp. indet., zwei einzelne Zähnchen, Nr. 1912 VIII 39. G. el Dist, S-Sockel, Schicht n. Fig. 5a größeres Zähnchen von oben 3/1; Fig. 5b dasselbe von vorn 3/1; Fig. 6a kleines Zähnchen von oben 4/1; Fig. 6b dasselbe seitlich 4/1 (S. 8).

Erklärung zur Doppeltafel III.

Fig. 1: *Palaeobates pygmaeus* (ZITTEL) Zähnchen Nr. 1874 I 899, oberste Kreide, Oase Dachel, G. Ter, Ausschnitt eines Vertikalschliffes 20/1. (S. 10).

Fig. 2: *Ischyodus Quenstedti* WAGNER, Rückenflossen-Stachel, oberster Jura, lithogr. Schiefer, Kehlheim in Niederbayern. Wagrechter Querschliff durch das Oberende 9/1 (S. 41).

Fig. 3: Cfr. *Trygon* CUVIER Höckerzähnchen, Nr. 1912 VIII 45, Baharîje-Stufe, Schicht n, G. el Dist, S-Sockel, Querschliff 45/1 (S. 15).

Fig. 4: *Asteracanthus aegyptiacus* STROMER, Rückenflossen-Stachelstücke Nr. 1911 XII 8 Baharîje-Stufe, G. Mandische, Fundort B. Fig. 4a wagrechter Querschliff nahe der Spitze 7/1; Fig. 4b Stückchen der Grenze von dessen Stamm- und Manteldentin 140/1 (S. 18 und 43).

Fig. 5: *Asteracanthus aegyptiacus* STROMER, Rückenflossen-Stachelstücke Nr. 1914 XII 8, Baharîje-Stufe, 10 km W von Ain el Häss. Senkrechter Querschliff durch den skulptierten Teil 13/1 (S. 18 und 43 ff.).

Fig. 6: *Hybodus Aschersoni* n. sp. Rückenflossen-Stachel mit abgeriebenem Oberende Nr. 1912 VII 48d, Baharîje-Stufe, Schicht n, G. el Dist S-Sockel. Stückchen mit hinterem Hakenzahn senkrecht 20/1 (S. 22 und 43 ff.).

Fig. 7: *Hybodus Aschersoni* n. sp. Rückenflossen-Stachelstücke Nr. 1911 XII 10, Baharîje-Stufe, G. Mandische. Fundort A. Manteldentin, äußere Schicht wagrecht 140/1 (S. 22 und 44).

Fig. 8: Dasselbe wie bei Fig. 7, anderes Bruchstück eines unteren Stachelteiles. Manteldentin, innere und äußere Schicht wagrecht, unten links Wand der Pulpahöhle 8/1 (S. 22 und 43 ff.).

Fig. 9: *Hybodus Aschersoni* n. sp. Rückenflossen-Stachelstücke Nr. 1911 XII 10, Baharîje-Stufe, G. Mandische, Fundort A. Fig. 9a Stachelspitze wagrecht 7/1; Fig. 9b Ausschnitt aus der rechten Seite desselben Dünnschliffes 50/1 (S. 22 und 43 ff.).

Fig. 10: *Paracestracion* cfr. *Zitteli* EASTMAN Rückenflossen-Stachel mit Wirbeln Nr. A. S. 63, oberster Jura, lithogr. Schiefer, Kehlheim in Niederbayern. Ausschnitt der linken Seite eines wagrechten Dünnschliffes der Stachelspitze 190/1 (S. 39).

Fig. 11: *Cestracion japonicus* DUMÉRIL, Männchen 42 cm lang, rezent Yokohama, zool. Staats-Sammlung in München, Fig. 11a vorderer Flossen-Stachel, obere Hälfte, wagrechter Querschliff, am linken Hinterrande nach dem des hinteren Flossen-Stachels ergänzt 17/1; Fig. 11b Abschnitt aus der linken Flanke vorn außen des vorigen Dünnschliffes 140/1; Fig. 11c Ausschnitt aus der Mitte der rechten Seite des wagrechten Querschliffes der Wurzel des hinteren Flossen-Stachels 110/1 (S. 37).

Fig. 12: *Chimaera monstrosa* L., Weibchen, rezent, 81 cm lang, anatomische Sammlung in München. Flossen-Stachel, Mitte, wagrechter Querschliff 20/1 (S. 39).

Fig. 13, 14: Cfr. *Rhinoptera* MÜLLER, Pflasterzähne Nr. 1912 VIII 44, Baharîje-Stufe, Schicht n, G. el Dist, S-Sockel. Fig. 13 senkrechter Medianschliff eines Zähnchens, Ausschnitt 45/1, Oberseite rechts; Fig. 14 Eck eines wagrechten Schliffes durch die Krone eines sechseckigen Zähnchens 45/1 (S. 12).

Tafel I

20a

20b

20c

20d

21

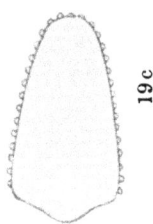

19c

19d

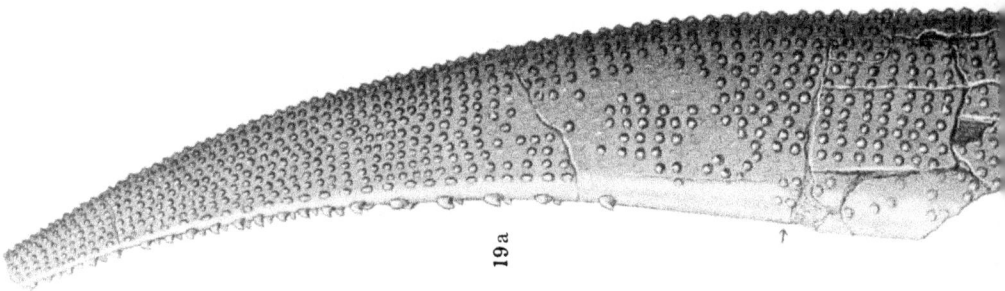

19a

↑

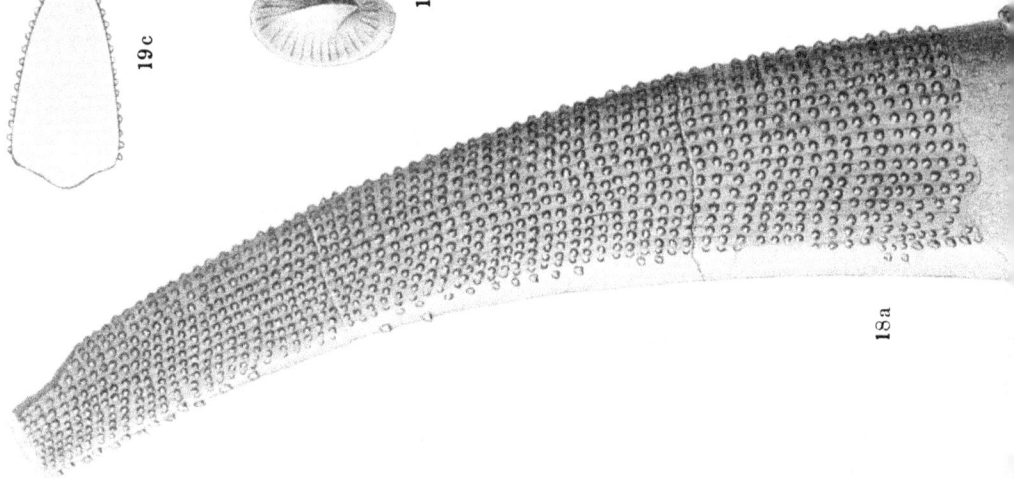

18a

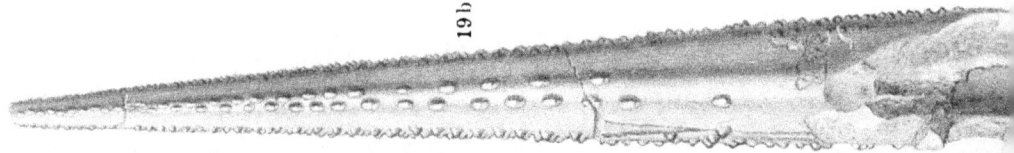

19b

1a

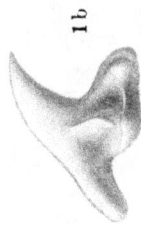

1b

1c

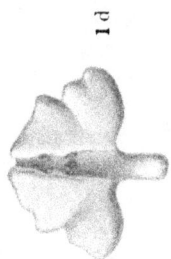

1d

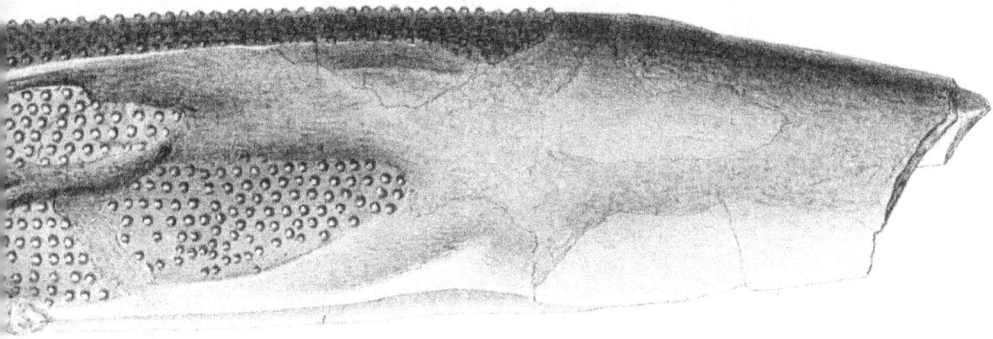

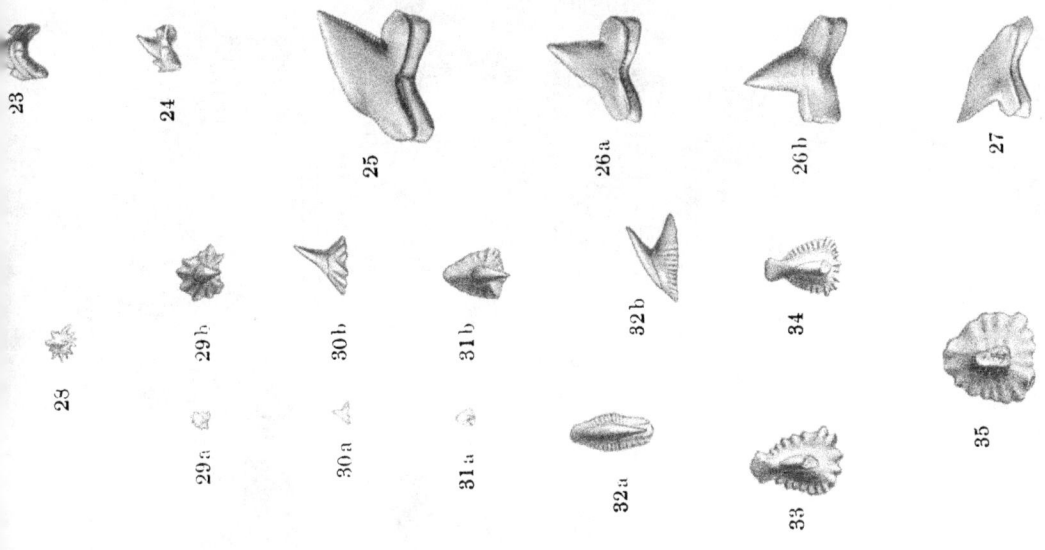

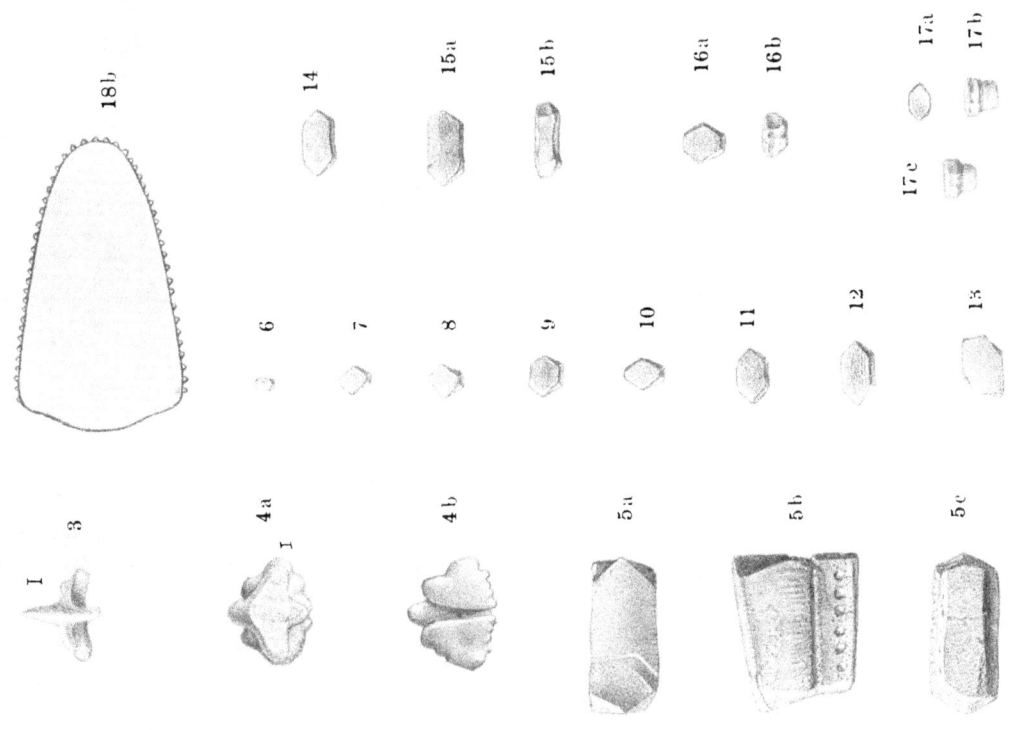

gez. A. Birkmaier.

Stromer: Die Plagiostomen.

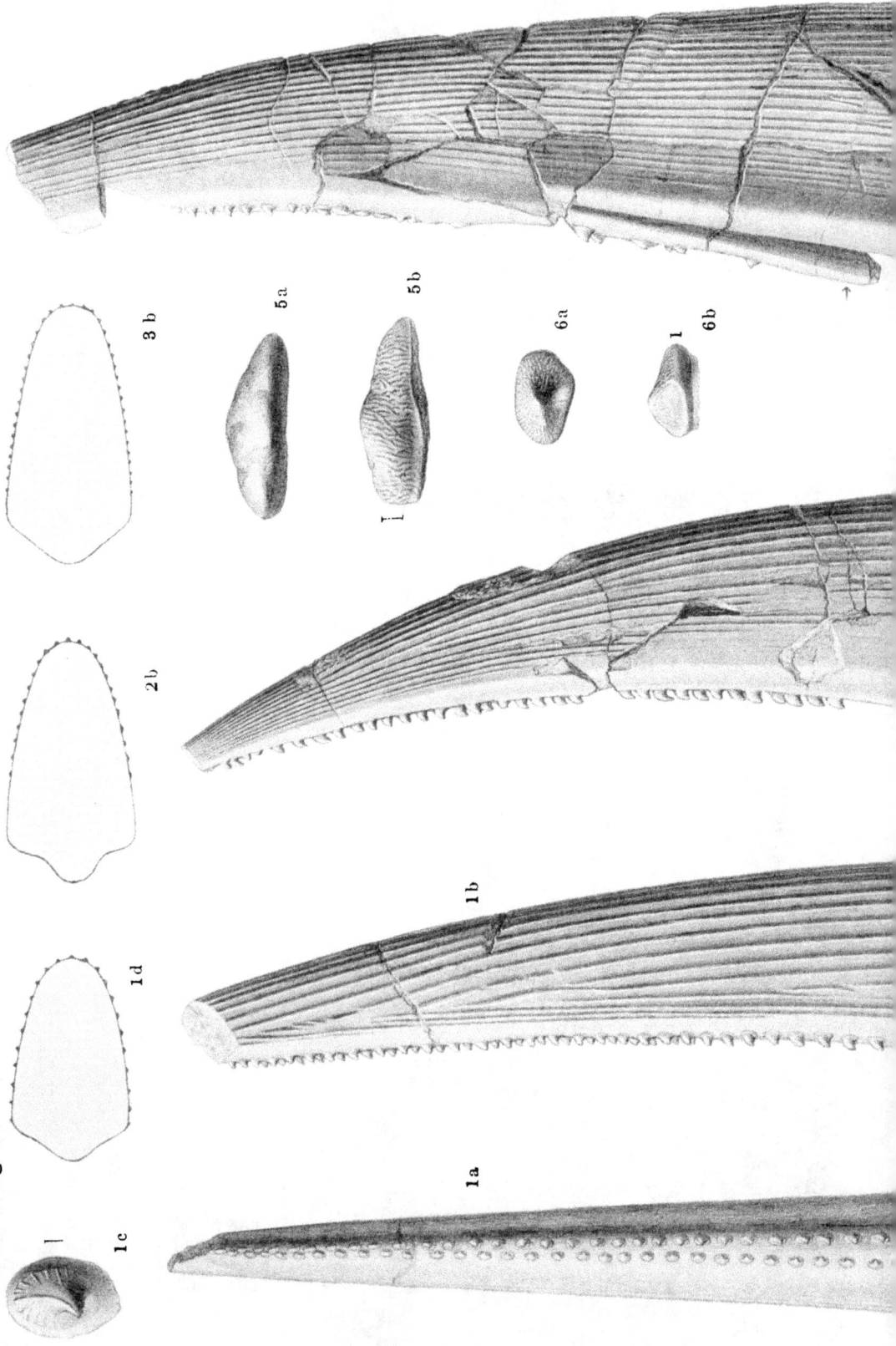

3 b

5 a

5 b

6 a

6 b

2 b

1 b

1 d

1 c

1 a

l

l

l

4 b

4 a

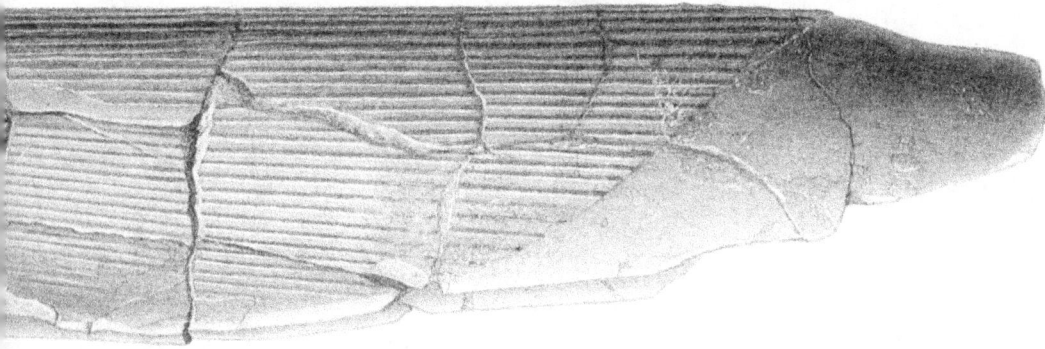

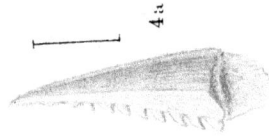

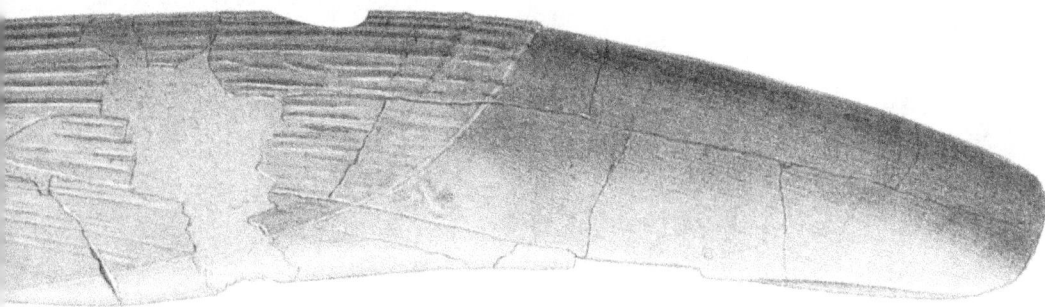

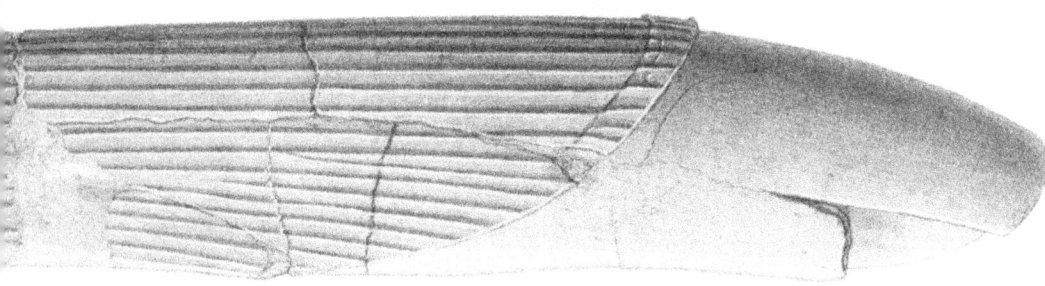

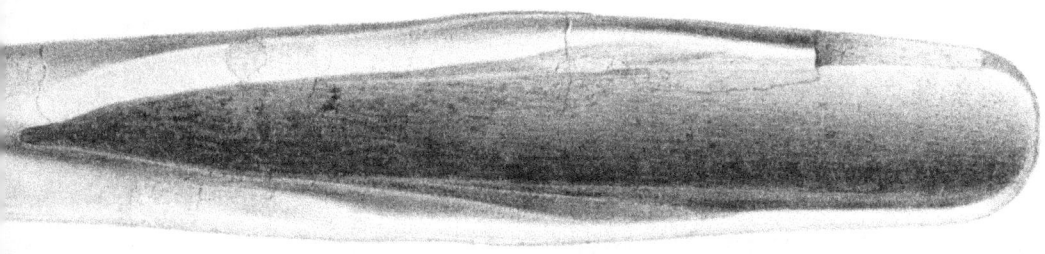

gez. A. Birkmaier.

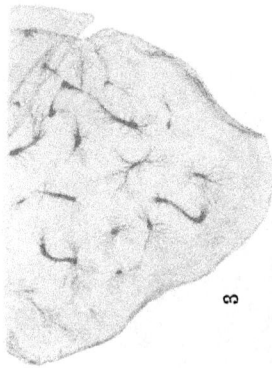

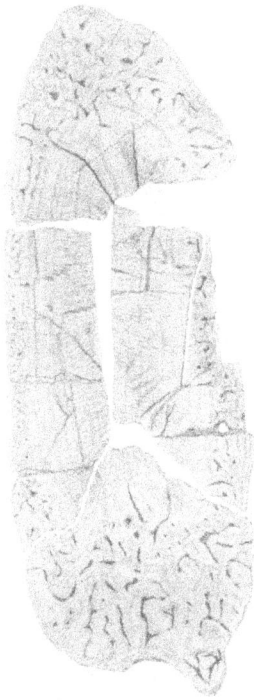

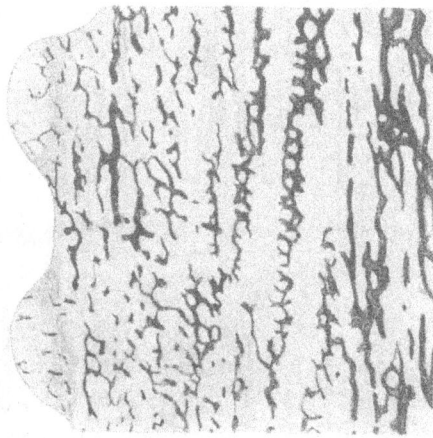

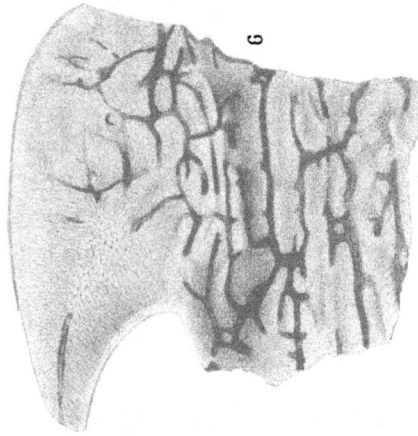

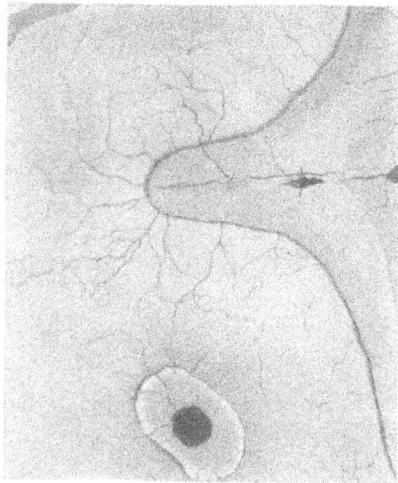

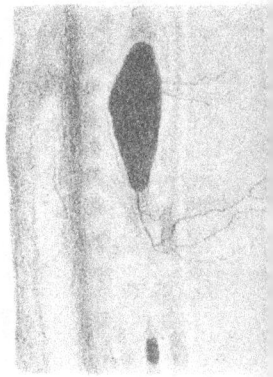

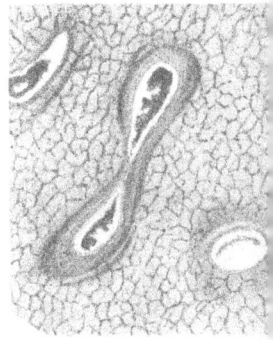

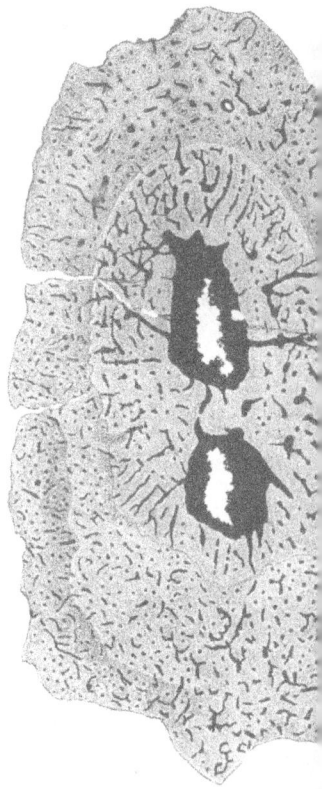

1

3

6

4b

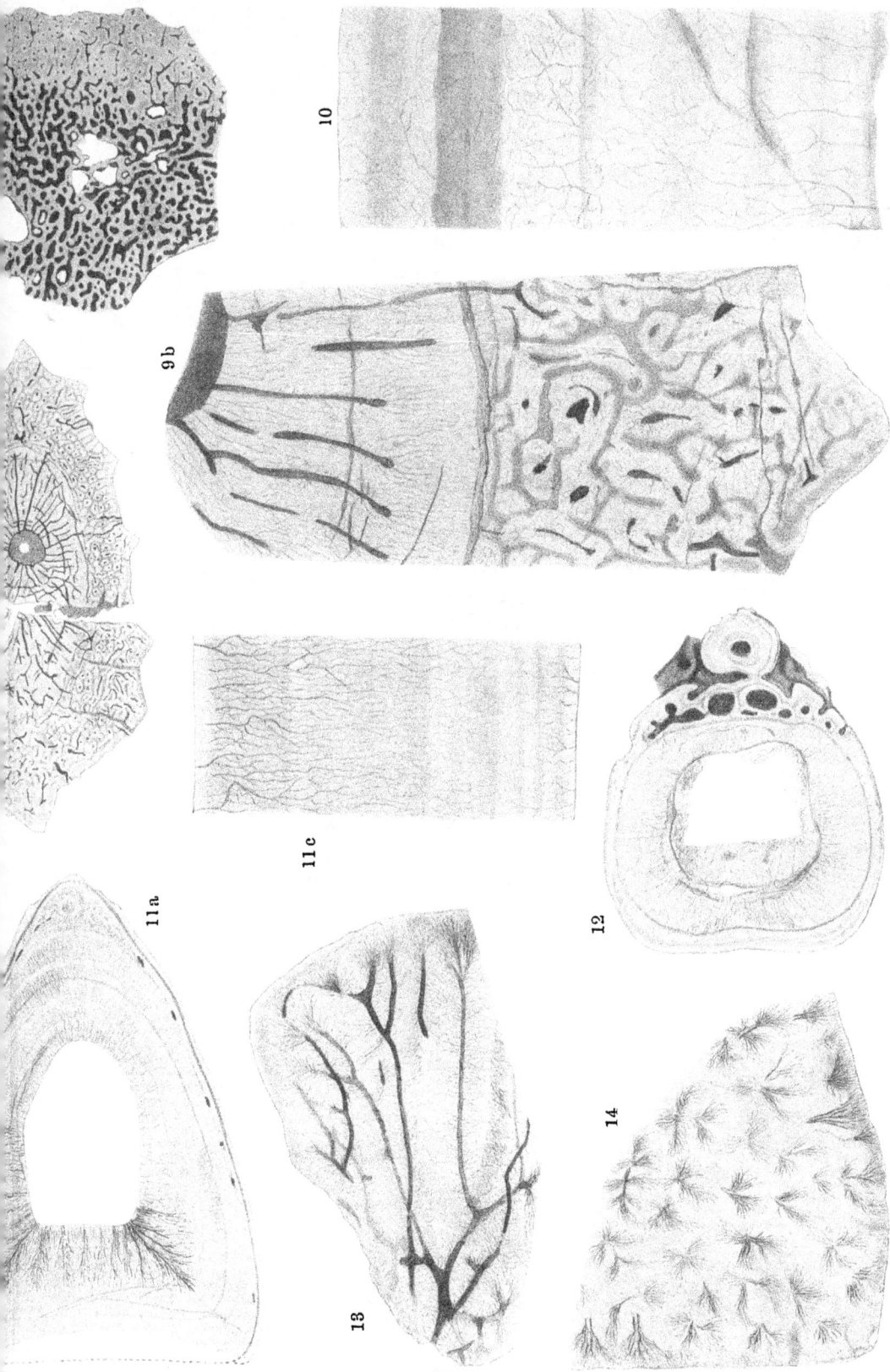

10

9b

11c

11a

13

12

14

gez. A. Birkmaier

Abh. d. mathem.-naturw. Abt. XXXI. Bd., 5. Abh.